中国国家文化公园丛书

丛书主编　韩子勇

长征
国家文化公园
100问

裴恒涛 / 著

南京出版传媒集团 南京出版社

图书在版编目（CIP）数据

长征国家文化公园100问 / 裴恒涛著. —— 南京：南京出版社，2023.10
ISBN 978-7-5533-4376-1

Ⅰ.①长… Ⅱ.①裴… Ⅲ.①长江 – 国家公园 – 问题解答 Ⅳ.①S759.992-44

中国国家版本馆CIP数据核字（2023）第177008号

丛 书 名	中国国家文化公园丛书
丛书主编	韩子勇
书　　名	长征国家文化公园100问
作　　者	裴恒涛
出版发行	南京出版传媒集团
	南 京 出 版 社

社址：南京市太平门街53号　　　　邮编：210016

网址：http://www.njcbs.cn　　　　电子信箱：njcbs1988@163.com

联系电话：025-83283893、83283864（营销）　025-83112257（编务）

出 版 人	项晓宁
出 品 人	卢海鸣
责任编辑	金　欣
装帧设计	王　俊
责任印制	杨福彬

排　　版	南京新华丰制版有限公司
印　　刷	南京顺和印刷有限责任公司
开　　本	787 毫米 × 1092 毫米　1/16
印　　张	14　　插页2
字　　数	177千
版　　次	2023年10月第 1 版
印　　次	2023年10月第 1 次印刷
书　　号	ISBN 978-7-5533-4376-1
定　　价	39.00 元

用微信或京东
APP扫码购书

用淘宝APP
扫码购书

编 委 会

总　序

如果只选一个字，代表中华文明观念，就是"中"。

一个"中"字，不仅是空间选择，也是民族、社会、文化、情感、思维方式的选择。我们的早期文明中很重要的一件事，就是立"天地之中"——确立安身立命的地方。宅兹中国、求中建极、居中而治、允执厥中、极高明而道中庸……求中、建中、守中，抱元守一，一以贯之，这是超大型文明体、超大型社会得以团结统一、绵绵不绝、生生不息的内在要求。

"中"是"太初有言"，由中乃和，由中乃容，由中乃大，由中乃成，由中而大一统。所谓"易有太极，是生两仪，两仪生四象，四象生八卦"（《易传·系辞上》），八卦生天地。一个"中"字，是文明的初心，是最早的中国范式，是中华民族的"我思故我在"，是渗透到我们血脉里的DNA，是这个伟大共同体的共有姓氏。以中为中，俯纳边流，闳约深美，守正创新。今天，中国共产党人带领中国人民，在中国式现代化征程中，努力建设中华民族现代文明。一幅中华民族伟大复兴的壮丽画卷，正徐徐展开。

习近平总书记指出："一部中国史，就是一部各民族交融汇聚成多元一体中华民族的历史，就是各民族共同缔造、发展、巩固统一的伟大祖国的历史。各民族之所以团结融合，多元之所以聚为一体，源自各民族文化上的兼收并蓄、经济上的相互依存、情感上的相互亲近，源自中华民族追求团结统一的内生动力。正因为如此，中华文明才具有无与伦比的包容性和吸纳力，才可久可大、根深叶茂。""我们辽阔的疆域是各民族共同开拓的。""我们悠久的历史是各民族共同书写的。""我们灿烂的文化是各民族共同创造的。""我们伟大的精神是各民族共同培育的。"长城、大运河、长征、黄河、长江，无比雄辩地印证了"四个共同"的中华民族历史观。建好用好长城、大运河、长征、黄河、长江国家文化公园，打造中华文化标识，铸牢中华民族共同体意识，夯实习近平总书记"四个共同"的中华民族历史观，是新时代文化建设的战略举措。最近，习近平总书记在文化传承发展座谈会上发表重要讲话，指出中华文明具有突出的连续性、突出的创新性、突出的统一性、突出的包容性和突出的和平性五个特性。长城、大运河、长征、黄河、长江，最能体现中华文明这五个突出特性。目前，国家文化公园建设方兴未艾，在紧锣密鼓展开具体项目、活动和工作时，扎扎实实贯彻落实好习近平总书记关于"四个共同""五个突出特性"等重要指示精神，尤为重要，正当其时。

"好雨知时节，当春乃发生。"南京出版社，传时代新声，精心组织专家学者，及时策划、撰写、编辑、出版了这套国家文化公园丛书。我想，这套丛书的出版，对于国家文化公园的建设者，对于急于了解国家文化公园情况的人们，都是大有裨益的。

国家文化公园专家咨询委员会总协调人、长城组协调人，中国艺术研究院原院长、中国工艺美术馆（中国非物质文化遗产馆）原馆长

2023 年 6 月

目 录

第二篇　文化艺术

第四篇　数字赋能

第五篇　时代精神

序 篇

1

什么是长征国家文化公园？国家出台了哪些规划方案？

　　长征国家文化公园是以保护、传承和弘扬长征文化资源、长征文化和长征精神为主要目的，兼具爱国教育、科研实践、娱乐休憩和国际交流等文化服务功能为一体，经有关国家部门认定、建立、扶持和监督管理的特定区域。长征国家文化公园不同于现有的长征文化景区，应具有公益性、国家主导性和科学性等特征，要体现出亲民性、标准化、规范化。

　　2019 年 7 月 24 日，习近平总书记主持召开中央全面深化改革委员会第九次会议，审议通过《长城、大运河、长征国家文化公园建设方案》，12 月中办、国办印发《长城、大运河、长征国家文化公园建设方案》。2020 年 10 月召开的中国共产党十九届五中全会审议通过了《中共中央关于制定国民经济和社会发展第十四个五年规划和二〇三五年远景目标的建议》，在 2021 年 3 月召开的十三届全国人大四次会议表决通过了这一决议。

在"十四五"规划中提出建设长城、大运河、长征、黄河国家文化公园。2021 年 8 月，《长征国家文化公园建设保护规划》出台。根据规划，长征国家文化公园以保护好长征文物、讲好长征故事、传承好长征精神、利用好长征资源、带动好长征沿线发展为总体建设目标，将分 3 个阶段完成建设保护工作。

- 2

长征国家文化公园有什么独特性？

与长城、大运河、黄河、长江国家文化公园相比，长征国家文化公园除了具有这些公园建设的共性，如公益性、国家性、历史性、民族性、科学性等特点外，又呈现出鲜明的独特个性。长征不以奇特优美的自然风光取胜，不同于长城、大运河、黄河、长江等中国传统伟大建筑工程及自然景观，长征是中国共产党领导工农红军，依靠人民群众，在同强大敌人、严酷自然环境及自我革命过程中创造的伟大史诗，这段历史在长征经过的沿线留下了丰富的物质和非物质文化遗存，分布广且散，形式内容多，突出遗址文物保护、文化挖掘和精神传承。其独特性主要体现在马克思主义意识形态属性、革命精神性、多线一体性等。

马克思主义意识形态性强调的是长征国家文化公园的政治性。长征国家文化公园集中展示了中国共产党以马克思主义理论为文化基础和指导原则，在开创中国革命新道路、实现中华民族伟大复兴进程中的初心和使命，集中反映了中国共产党人独立自主、实事求是不断开辟马克思主义中国化的艰辛历程，集中表达了马克思主义群众观点和群众路线在长征胜利中的决定性意义。

革命精神性是指长征国家文化公园凝结了无形的制度理念，永恒的精神力量。长征国家文化公园集中展示了中国共产党人的精神风范，谱写了中国共产党人精神谱系的华彩乐章。它以彰显理想信念、实事求是、艰苦奋斗、独立自主、民主团结、依靠人民等核心革命精神元素为内涵，体现了中国共产党领导中国人民创造伟大史诗的心路历程。以革命精神为灵魂打造的长征国家文化公园，是展示革命文化强大感召力、弘扬社会主义核心价值观的有效载体，集中凸显了长征国家文化的灵魂和底色。

多线一体性是指长征国家文化公园的多元曲折与主题鲜明相结合。一方面，长征国家文化公园反映了四支红军队伍［红一方面军（中央红军）、红二方面军（红二、六军团）、红四方面军和红二十五军］的不同路线、不同景观，路线曲折复杂，遗存景观千差万别；另一方面，长征国家文化公园又集中展现了中国共产党统一领导下、各路红军向陕北汇聚的主题，在建设过程中以中央红军的长征路线为建设主体的侧重，即以中央红军长征史实为基础，整合长征路线相关遗址遗迹和纪念设施，讲述长征故事的跨越行政区划的多线一体性公园。

3

长征国家文化公园的建设内容及建设目标是什么？

　　根据国家文化公园建设工作领导小组印发的《长征国家文化公园建设保护规划》，长征国家文化公园的建设内容主要是整合长征沿线 15 个省（区、市）（江西、福建、湖南、湖北、广西、广东、贵州、云南、四川、重庆、青海、甘肃、宁夏、陕西、河南）文化和文化资源，根据红军长征历程和行军线路构建总体空间框架，加强管控保护、主题展示、文旅融合、数字再现、教育培训工程，推进标志性项目建设。

　　长征国家文化公园以保护好长征文物、讲好长征故事、传承好长征精

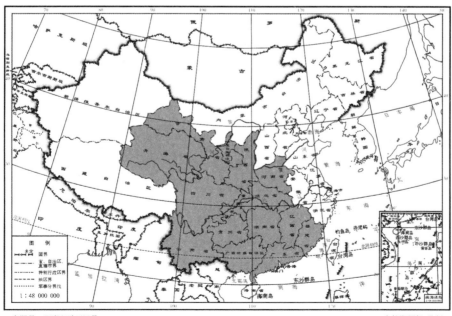

审图号：GS(2016)1600号　　　　　　　　　　　　　　　　　自然资源部　监制

长征国家文化公园所涉省（区、市）示意图

神、利用好长征资源、带动好长征沿线发展为总体建设目标，分三个阶段完成长征国家文化公园的建设保护工作。一是到 2021 年，建设保护管理机制初步建立，规划部署的重点任务、重大工程、重要项目全面推进，启动一批建党百年标志性项目。二是到 2023 年，长征文物和文化资源保护传承利用愈加同现代社会发展相适应、同人们生产生活相协调，统筹协调推进局面初步形成，权责明确、运营高效、监督规范的管理模式初具雏形，长征国家文化公园功能更完备、形象更鲜明、品牌更知名。三是到 2035 年，全面形成体现国家意志、反映国家水准、代表国家形象、享有国际美誉的长征国家文化公园保护展示传承体系，成为新时代文物和文化资源保护传承利用中国方案的典范，强力助推社会主义文化强国建设。

4

建设长征国家文化公园有什么意义？

一是向世界传播长征文化的集中展示平台。长征是中国共产党创造的伟大史诗，伟大长征体现的长征文化，孕育的长征精神，集中体现了中国共产党人的崇高革命风范，是中华民族精神的集中体现。长征又是人类战胜自然挑战自身极限的伟大史诗，长征文化跨越国界和民族，具有永恒的价值。长征结束以来，海外记者、作家、学者斯诺、索尔兹伯里等采访长征、研究长征、重走长征路，长征已经成为世界人民广为关注的影响人类历史发展的标志性事件。建设长征国家文化公园，可以推动国家代表性文化资源保护与传承，促进爱国教育与国民文化培育，丰富国家文化服务供给，构建起对外交流的新的国家文化窗口。

二是实现文化自信、建设文化强国的应有之义。文化是一个国家、一个民族的灵魂。正如学者指出，文化自古以来都作为建构民族意识形态的强有力手段，成为国家民族的文明徽章。文化自信，是更基础、更广泛、更深厚的自信，是更基本、更深沉、更持久的力量。实现中华民族的伟大复兴，没有强大的文化自觉和自信是不可想象的。文化即传播，不可否认的是，中国的文化传播至今仍未形成与中国的国际地位和声望相匹配的传播局面。长征国家文化公园是象征国家精神、传播社会主义核心价值观、传承中华优秀文化、传播革命文化、保护利用文化遗产、提升人民精神文化需求的有效载体。

三是保护长征遗址遗迹，传承长征文化和长征精神。长征沿线特别是经济社会发展落后的地区，某些地方为追求政绩或经济效益，大拆大建，复制长征文化，实际上不利于保护长征遗址遗迹的原貌。长征遗址遗迹不少已列入全国重点文物保护单位，这是长征国家文化公园建设的核心载体。建设长征国家文化公园，打破行业部门、区域利益藩篱，必将深化对作为重点文物保护单位的长征文化遗址遗迹的深度保护、开发和利用，发挥其更大的经济效益和社会效益。

四是推动西部地区社会发展，强化国家认同观念。推动长征沿线社会发展，形成精品长征文化旅游线路和品牌，实现区域协调发展，增强西部地区的国家认同。人民日益增长的美好生活需要和不平衡不充分的发展之间的矛盾是我国新时代的社会主要矛盾。长征沿线的中国西部广大地区与北京、上海、广州、深圳等一线城市地区在发展程度上存在着较大差距。这些地区的国民在交通、文化、医疗等公共服务等方面与国家标准存在较大差别。之前，重大的国家文化设施都集中在首都北京，如国家博物馆、国家体育场、国家图书馆、国家科技馆、国家大剧院等，地方民众享受高水平的公共服务机会少。通过在长征沿线建设长征国家文化公园，在地方打造国家级的公共文化设施，对于缩小地区差距，实现区域协调发展，推进国家基本公共服务均等化，增强西部地区公民的国家认同感，都有重要的意义。

5

长征国家文化公园的建设范围和空间布局如何？

根据《长征国家文化公园建设保护规划》，在建设范围方面，长征国家文化公园主体建设范围原则上包括 1934 年 10 月到 1936 年 10 月，红一方面军（中央红军）、红二方面军（红二、红六军团）、红四方面军和红二十五军长征途径的地区，依据当前的行政区划，涉及福建、江西、河南、湖北、湖南、广东、广西、重庆、四川、贵州、云南、陕西、甘肃、青海、宁夏 15 个省（区、市），共计 72 个市（州）381 个县（市、区）。相关省（区、市）在尊重历史事实的基础上，可根据本地与长征密切相关的其他红色资源分布情况，在主体建设范围外适当延伸拓展。

在空间布局方面，依据红军长征历程和行军线路，以红一方面军（中央红军）长征路线为轴，以红二十五军、红四方面军、红二方面军（红二、红六军团）长征路线和三军会师路线为四线，构建了"一轴四线十四篇章"的整体空间框架和叙事体系。在此基础上，提出 15 个省（区、市）段各

显特色、4 类主体功能区塑造空间、万里红路串千村带动振兴的总体布局
要求。

6

长征国家文化公园建设现状及进展如何？

围绕长征国家文化公园建设，长征沿线各省（区、市）进行了多方面
的工作，长征国家文化公园从理念规划到设计实施正在有序推进。

湖南省制定印发《长征国家文化公园（湖南段）建设保护规划》，
确定"两线七园六带多点"的规划布局。广西桂林充分利用湘江战役在桂
北留下的宝贵红色文物资源，积极谋划，深入挖掘桂北六县的红色文化资
源，统筹进行规划与项目申报。2021 年 11 月，《广西段规划》获国家层
面正式批复，共规划设计项目 60 个，包括血战湘江长征历史步道示范段
建设等 5 个重点项目。贵州省作为长征国家文化公园建设的重点省份，长
征国家文化公园建设多方位展开。2021 年 5 月通过了《贵州省长征国家
文化公园条例》，该条例是我国长征国家文化公园的首部地方性法规。长
征数字科技艺术馆作为长征国家文化公园（贵州段）的特色项目正加紧建
设。遵义会议会址周边环境整治及展陈提升工程作为长征国家文化公园贵
州重点建设区的核心项目之一正紧锣密鼓地进行。四川省各地高标准打造
长征国家文化公园，甘孜州当地根据红军长征的行军路线、重要历史事件、
战役和文化遗存分布，探索红色文化与乡村振兴融合发展之路。泸定县打

造了"飞夺泸定桥核心展示园",完成了大渡河两侧滨河广场、勇士路的风貌改造。同时,红军飞夺泸定桥纪念馆的提档升级已基本完工。甘肃省委宣传部编制的《长征国家文化公园(甘肃段)建设保护规划》于 2021 年 12 月正式印发。按照《规划》,长征国家文化公园(甘肃段)分三个阶段进行:重点建设阶段(2020—2021 年)、深化推进阶段(2022—2023 年)和全面提升阶段(2024—2035 年)。《规划》依照"一线两区多节点"空间布局对长征国家文化公园建设进行科学规划。

7

长征国家文化公园建设中面临哪些难点与问题?

一是长征国家文化公园线路长,内容形式广泛多样,空间布局分散。长征国家文化公园建设应串联长征沿线相关遗址遗迹及纪念设施,这是一项规模大系统性强的工程。长征历时两年,包括了四支红军部队的长征,每支红军部队长征走过的路线、里程各不相同,总里程 65000 多里(约合 32500 千米,下同)。此外,长征文化本身的内容极为丰富,从物质的到非物质的,从有形的到无形的,从可移动的到不可移动的,林林总总,内容繁杂。如何全面科学梳理长征文化,搜集保护相关文物,提炼突出长征国家文化公园建设的文化特色,充实长征国家文化公园建设,是一项长期艰巨的任务。

二是长征国家文化公园沿线长征文化资源禀赋分布不均衡。红军长征在沿线不同地区活动的时间、事件、影响各不相同，留下的遗址差异较大。在各支红军的长征中，中央红军的长征影响最大，留下的遗存最为丰富，其他各路红军留下的遗存相对较少。同一支红军在不同地区驻留的时间、发生的事件又有所不同。其中，红军长征在贵州、四川等省份活动时间较长、范围较广、影响较大，留下的长征文化资源丰富，长征遗址遗迹及相关的纪念设施数量多、密度高、影响大，而其他红军长征经过地域少、时间短的省市，如河南、湖北、重庆、青海、福建、广东等，长征遗址及纪念设施相对较少。如何根据各地长征文化资源的差异性，有重点的建设，避免低水平重复雷同，同时又形成各地的特色，是需要特别关注的问题。

　　三是长征国家文化公园沿线经济社会发展水平差异较大。长征国家文化公园沿线区域差距大，有东部沿海地区，有中部平原地区，又有西北内陆山区；有交通便利的城市，有交通不便的乡村，又有人迹罕至的荒郊野外；有传统的汉族区域，又有少数民族聚居区域。各地自然地理人文环境千差万别，经济社会文化发展水平差距较大，特别是与长征国家文化公园相关的基础设施建设发展不平衡，财政支撑长征国家文化公园建设的力度不平衡。大部分长征沿线地区地处老少边穷的西部山区，地方财政拮据，基础设施建设总体水平不高，支撑长征国家文化公园建设及后续管理的能力不足。在长征国家文化公园建设中，如何解决庞大的建设资金问题，探索以国家投资为主、地方投资为辅、社会资本广泛参与的投资模式，奠定长征国家文化公园建设高质量和可持续发展基础，是一个需要关注和研究的问题。

8

什么是长征？长征是怎么开始的？经过了哪些地方？

长征是第二次国内革命战争时期中国共产党领导中国工农红军主力从长江南北各根据地向陕北革命根据地进行的战略大转移。1934 年 10 月中央红军从江西于都等地集结出发，标志着长征的开始，1936 年 10 月三大红军主力相继在会宁、将台堡会师，长征胜利结束。长征历时两年，历经15 个省（区、市），总里程 65000 余里。红军长征是"3+1"的长征，即参加长征的有四支主力红军队伍，包括红一方面军（中央红军）、红四方面军、红二方面军（红二、红六军团）和红二十五军。长征是人类历史上的伟大壮举，是 20 世纪最能影响世界前途的重要事件之一，是中国共产党和中国工农红军谱写的壮丽史诗，是"地球的红飘带"。长征是理想信念的伟大远征，长征是坚持真理的伟大远征，长征是唤醒民众的伟大远征，长征是开创新局的伟大远征。红军将士用生命和热血铸就的伟大长征精神，是革命文化的重要组成部分，具有穿越时空的强大感召力。

红军开始长征与国民党的军事"围剿"及王明"左"倾冒险主义密切相关。1933 年 9 月至 1934 年夏，蒋介石所代表的国民党反动派对共产党领导的革命根据地发动了第五次"围剿"，企图消灭中国共产党领导的苏维埃政权和武装力量。中央苏区即中央革命根据地进行了第五次反"围剿"作战，在中共中央、中华苏维埃共和国中央革命军事委员会（简称"中革军委"）博古等领导人实行军事冒险主义、军事保守主义的战略指导下，屡战失利，苏区日益缩小，人力物力资源日益枯竭，形势日益严峻，在苏区内部打破敌人"围剿"已不可能。与此同时，其他革命根据地如湘赣革命根据地红军反"围剿"作战处境也十分艰难。在这种危急关头，中共中央和中革军委，决策开始进行战略转移。为了给中央机关和中央红军探索战略转移的道路，中央命令红六军团撤离湘赣苏区，到湖南中部发展游击战争，并同红军第三军取得联系。1934 年 8 月 7 日，红六军团开始西征，经两个多月转战，于同年 10 月下旬到达贵州东部印江县木黄，与红三军（后恢复红二军团番号）会师。红六军团的西征为即将开始的中央红军长征起到了探路的作用。10 月初，国民党重兵集团继续向中央苏区腹地推进。这时，中共中央和中革军委博古等领导人，未经中央政治局讨论，即决定放弃中央苏区，到湘西与红二、红六军团会合。10 日晚，中共中央、中革军委率中央主力 5 个军团，以及中央、军委机关直属队共 8.6 万余人，从江西瑞金、于都等地出发，开始长征。红军第二十四师和地方部队共 1.6 万余人，在项英、陈毅领导下，留在当地坚持南方游击战争。

中央红军开始长征之后，其他各苏区的红军也开始撤离根据地，进行长征。1934 年冬，在国民党军集中 40 多个团对鄂豫皖革命根据地（即鄂豫皖苏区）"围剿"的危急情况下，根据中共中央、中革军委指示，红二十五军 3000 余人于 11 月 16 日从河南罗山县何家冲出发，向平汉铁路以西转移，开始长征。1935 年 3 月 28 日至 4 月 21 日，红四方面军取得了嘉陵江战役的重大胜利，渡过嘉陵江。红四方面军主要领导人张国焘，决定放弃川陕革命根据地（即川陕苏区）向西转移。5 月初，红四方面军和地方武装及苏区机关人员等共 8 万余人，开始长征，于中旬占领了以茂县、理番为中心的广大地区。1935 年 9 月，国民党军集中 130 多个团的兵力，采取持久作战和堡垒主义的方针，对湘鄂川黔革命根据地（即湘鄂川黔苏区）和红军发动了新的"围剿"。在国民党重兵进攻下，中共湘鄂川黔省委和军委分会决定红军转移到外线寻求新的机动，开辟新苏区。11 月 19 日，红二、红六军团共 1.7 万余人，由湖南桑植地区出发，退出湘鄂川黔苏区，开始长征。

长征经过的地区以当时的行政区划看，主要是江西、福建、广东、广西、湖南、贵州、四川、云南、西康、青海、甘肃、陕西、湖北、河南等 14 个省；以今天的行政区划主要是江西、福建、广东、广西、湖南、贵州、重庆、四川、云南、青海、甘肃、宁夏、陕西、湖北、河南等 15 个省（区、市）。长征时期的西康省在新中国成立后于 1955 年撤销，所属区域分别并入四川省和西藏自治区。当时隶属四川的重庆，在新中国成立后于 1997 年被批准成为直辖市。长征时红军经过的宁夏区域会宁县、将台堡原隶属甘肃，新中国成立后于 1958 年正式成立宁夏回族自治区，红军长征经过的地方随即隶属宁夏回族自治区。

- **9**

长征路上红军突破的四道封锁线是什么？

　　国民党军在中央红军长征初期的前进道路上设置了四道封锁线，企图绞杀红军。四道封锁线主要分布在江西、湖南、广东、广西等省区。

　　第一道封锁线是陈济棠的粤军构筑的防线。这道防线沿着桃江构筑，位于江西赣州以东，沿桃江向南，经韩坊、新田等地，共部署四个师另一个独立旅。根据之前与红军达成的协议，陈济棠只以部分兵力分驻各地，沿途构筑碉堡挖掘战壕，架设机枪大炮，虚张声势，敷衍地执行蒋介石的"围剿"命令，实际上将其主力集结于纵深地带，以便于机动。面对敌人的部署，中革军委决定，以红一军团在左，红三军团在右，由王母渡、韩坊、金鸡、新田段突破粤军防线。红九军团在红一军团后跟进，红八军团在红三军团后跟进，分别掩护左右翼安全。中央军委第一、第二纵队居中，红五军团负责殿后。计划是 1934 年 10 月 21 日夜至 22 日晨突破粤军防线后，向湘南前进。部队行动前，红军方面派人将需要经过的地点通知了陈济棠，同时声明只是借道西进，保证不入广东腹地。陈济棠接到通知时，红军的行动已经开始，未来得及使陈的前沿部队了解红军真实意图，导致双方战斗一度非常激烈。激战一夜，红军斗志昂扬，旗开得胜，粤军才认识到面对的不是小股游击队，而是红军主力的大规模行动，于是根据与红军达成的协议，稍加抵抗即全线后撤。红军部队对后撤的粤军也未做长远追击，主力按照原定计划向信丰东南地域前进。至 25 日，军委两个纵队和其他红军部队从信丰南北全部渡过桃江，突破了国民党军的第一道封锁线。

　　第二道封锁线是陈济棠、何键在湘粤两省交界的汝城、仁化、城口间构筑的防线。突破第一道封锁线后，中革军委决定乘国民党军尚未完全判明红军意图之机，沿赣粤和湘粤边界，向湖南汝城和广东城口之间地区前进。蒋介石大为震惊，急电令陈济棠、何键火速出兵，在汝城、城口间构筑的第二道封锁线坚决堵击红军西进。同时命令其他各路国民党军，迅速集结开进，参加"围剿"行动。但此时国民党军依旧处于分散状态，难以形成对红军的堵截部署。湖南军阀何键的部队在湘粤边地区只有一个旅和部分地方保安团，对堵截红军有心无力。能投入堵截红军作战的粤军陈济棠部队则另有打算，他既怕红军挥师入粤，又不愿正面堵截红军。为了敷衍蒋介石，他只命李汉魂率三个师前往乐昌、仁化、汝城附近，参加堵截行动，而将主力部署于粤赣边地区，防止红军南下。同时命令参加堵截红军的部队小心行动，不可贸然出击。10 月 29 日，中革军委确定，红军应于 11 月 1 日进至沙田、汝城、城口等地，突破第二道封锁线。至 11 月 8 日，红军各纵队按照军委的部署西进，抢在国民党军主力赶到之前，全部通过第二道封锁线，进入湘南、粤北地区，并继续向宜章方向前进。

第三道封锁线主要在湖南宜章一带。红军通过国民党军的第二道封锁线时，蒋介石对红军西进路线有所判定，认为红军将继续向宜章方向移动，于 11 月 6 日令陈济棠、何键等部在粤汉铁路位于湘、粤边界湖南境内的彬县至宜章间地区，利用原有的碉堡强化工事，构筑第三道封锁线，堵截红军向湘西挺进。同时命令嫡系薛岳的追剿部队加急行军，由江西、福建赶赴湖南。当时，粤汉铁路部分路段已可使用，湘军、粤军利用铁路、公路运送部队，并使用筑路物资、器材构筑工事，在彬县、良田、宜章、乐昌之间构筑起阻止红军西进的第三道封锁线。湘、粤地方军阀部队把堵住红军不进入自己的防区作为首要任务，将主力控制在纵深，在红军前进的道路上配置兵力较少，如宜章以北只有湘军一个团。面对敌人的部署态势，中革军委接受了彭德怀、杨尚昆的建议，于 11 月 7 日对红军突破国民党军第三道封锁线做出部署，决定红军在宜章以北的良田和宜章东南的坪石间突破敌人第三道封锁线。红军西进过程中，彬县、宜章的地下党组织与游击队提供了宜章等地国民党军力量依旧薄弱的重要情况。红军当机立断，一部分佯攻彬县，牵制湘军；一部分攻占宜章，阻止粤军。主力从宜章、彬县之间通过并向临武、嘉禾前进，通过国民党的封锁线。担负攻占宜章的红三军团主攻部队远程奔袭，在当地群众特别是筑路工人的支援下，于11月12日夺取了宜章城。至此，红军在国民党军的第三道封锁线上撕开了一个大口子，打开了西进的通道。11月13日至15日，红军各军团和军委两个纵队全部由宜章、坪石间通过了第三道封锁线，进入了湘南地区。

红军长征通过的第四道封锁线，即国民党军在湘江设置的防线，为突破湘江防线，开辟西进的道路，红军与湘军、桂军在此发生了湘江血战。（详见第 10 问）

10

湘江战役是怎么发生的？

中央红军突破敌人第三道封锁线后，敌情依然非常严重。此时，蒋介石已判明红军西进的真实意图是到湘西，与红二、红六军团会合。1934年11月12日，蒋介石做出了将红军消灭在湘水、漓水以东地区的部署。具体情况是：令湘军何键部与嫡系薛岳部共 16 个师 77 个团，负责"追剿"。令粤军陈济棠部以 4 个师北进湘桂边进行截击。令广西桂军李宗仁、白崇禧的第四集团军以5个师控制灌阳、兴安、全州这一"铁三角"地区。令贵州黔军王家烈部在湘黔边境堵截，合计动用了25个师近30万人的部队，构成了一个以湘军和桂军两翼夹击与迎头堵击，中央军和粤军尾追截击、黔军策应封堵的包围圈，准备在湘江东西两岸全歼红军。西进的红军面临着长征以来最严峻的考验。

敌人在湘江两岸部署的第四道封锁线，使红军面临着生死抉择。同时，国民党军的部署也有隙可乘。由于国民党军派系众多，粤军、桂军固守边界，只求自保。蒋介石嫡系部队与地方部队之间矛盾重重，行动相对积极的湘军负责人何键名为总司令，实际上并不能完全指挥战斗力较强的薛岳"追剿"军，粤、桂军更是难以调动。如果红军能果断放弃挺进湘西计划，转向无堡垒且群众基础好的湘南作战，则可避免与强敌在湘江硬碰，从而摆脱困境。"左"倾教条主义者博古、李德拒绝了毛泽东、彭德怀这一转战湘南的建议，依旧顽固地坚持西进湘西的既定计划。

11月22日至25日，红军部队从道县至水口间渡过潇水。潇水距湘江最近距离有100多里（约合50千米）。国民党军张网以待，蒋介石令何键的"追剿"军与粤军、桂军紧密配合，从四面对红军展开进攻。红军为调动敌军，以一部西进永明，桂系军阀生怕红军主力继续前进，西取桂林，因而不战自退，在11月22日将担负湘江兴安至全州段60千米江防任务的第十五军撤退至龙虎关、恭城地区，为西进的红军让出了渡江通道，以促使红军尽快过境，并确保广西腹地安全。可惜，大搬家式的红军以甬道方式行军，动作迟缓，没有及时掌握这一情况。3天以后，红军终于得知了桂军撤防、湘江全州至兴安段防务空虚的情况。中共中央、中革军委决定迅速从兴安至全州间渡过湘江，突破第四道封锁线。这时桂军撤防后留下的空隙依旧存在，国民党军的补防部队还未到位。如果红军下决心收缩队伍，精简辎重，全部从永安关、雷口关进入广西，直赴湘江，依旧能避免与敌人主力的决战。但红军队伍的分散与辎重的拖累，影响了行军速度，使红军再次失去有利战机。特别是军委纵队的行进迟缓，导致了转道行进的红八、红九军团与担负后卫任务的红五军团等部迟迟无法入关过江。红军的行动迟缓，给国民党军得到了开进、集结的时间，并最终追上了西进的红军，在湘江东西两岸地区对红军展开了规模空前的进攻。从 11 月 28 日起，国民党军各路部队全部出动，从四面八方扑向红军。湘江两岸硝烟弥漫，国共几十万部队展开了数个昼夜的惨烈搏杀。战斗首先在红三军团第五师主力守卫的新圩一线阵地打响。29 日，战斗在湘江两岸全线展开。主要战斗发生在湘江西岸界首以南的光华铺、枫林铺，湘江东岸界首以北的脚山铺一带。11 月 30 日，笨重的军委纵队终于渡过湘江，但红五、红八、红九军团依旧停留在湘江以东地区，处境险恶。12 月 1 日，中共中央、中革军委、红军总政治部给主力部队下达强硬的作战指令，强调要动员全体指战员认识到当日作战的意义，"我们不为胜利者，即为战败者，胜负关系全局"。战至当日傍晚，中央机关和红军部队大部渡过了湘江。一些后卫部队如红三十四师被敌人打散，损失惨重，师长陈树湘悲壮牺牲。

湘江之战，是中央红军长征中最为壮烈的一战。红军将士与绝对优势的国民党军血战五个昼夜，终于打破了湘军、桂军和蒋介石嫡系部队的围追堵截，渡过湘江，突破了国民党军的第四道封锁线，粉碎了蒋介石企图将红军歼灭于湘江以东的企图。同时，湘江战役是一次失利的战役，红军付出了惨重代价。后来湘江战役发生地周边民间流传"三年不喝湘江水，十年不食湘江鱼"，形象反映了红军战士血染湘江的惨烈。红军部队折损过半，由出发时的 8.6 万余人，减少到湘江战役后的 4 万余人。部队中明显滋生了怀疑不满和要求改变领导的情绪。湘江战役的失利、广大红军指战员的觉悟，成为遵义会议实现伟大转折的导火线。

◎ 延伸阅读

湘江战役中的失散红军

朱镇中（1916—1995），江西瑞金壬田乡洗心村人，先后在红军瑞金补充师二营和红一军团当战士、班长。长征路上任红一军团第一师红三团八连班长。1934 年 12 月，朱镇中所在的红军部队长征到达湘江边，在广西全州与桂系军阀发生激战。湘江战役中，中央红军损失惨重，朱镇中也身负重伤，敌人的子弹打穿了他的左脚踝，在油榨坪（今广西资源县中峰镇）掉了队。养伤的日子里，朱镇中时刻想念着部队，感觉一个战士离开了部队，就像游子离开爹娘。伤愈后，朱镇中为了实现革命理想，联络失散在龙溪村的几个红军伤员，克服重重困难，一路跋山涉水，风餐露宿，甚至是乞讨要饭，千方百计寻找红军部队。功夫不负有心人，他们终于在 1935 年回到中央苏区瑞金，找到了红军游击队汀瑞支队，重新投入了党的怀抱。1956 年，朱镇中专门将当年的救命恩人粟传谅，从广西农村接到家里做客，热情款待，以表达当年的救命之恩。

11

为什么说遵义会议是中国革命的伟大转折？

湘江战役后，广大红军指战员对"左"倾教条主义者的领导极为不满，围绕红军的前进方向和战略方针，中央先后召开通道、黎平、猴场会议，毛泽东的意见被大多数与会者支持，为遵义会议的召开奠定了基础。

　　1935 年 1 月 15 日至 17 日，中共中央政治局扩大会议在遵义红军总司令部驻地，位于遵义老城的黔军师长柏辉章公馆召开。参加会议的有政治局委员博古、周恩来、毛泽东、朱德、陈云；政治局候补委员王稼祥、邓发、刘少奇、何克全（凯丰）；《红星》报主编、中央队秘书长邓小平；红军总部和各军团负责人刘伯承、李富春、林彪、聂荣臻、彭德怀、杨尚昆、李卓然；共产国际军事顾问李德，翻译伍修权。

　　遵义会议的主题内容是解决军事路线问题，重点批判了"左"倾军事路线的错误，总结第五次反"围剿"的失败教训，揭露了军事教条主义的危害。具体议题一是决定审查黎平会议所决定的暂时以黔北为中心，建立苏区根据地的问题；二是检讨总结在反对五次"围剿"中与西征中军事指挥上的经验和教训。

　　会议首先讨论是否在黔北建立根据地的问题。会议采纳了四川籍将领刘伯承和聂荣臻"打过长江去，去西北建立根据地"的建议，认为那里有红四方面军的川陕根据地可以接应，经济条件比黔北好，背靠西康，后面没有敌情。接着是检讨和总结第五次反"围剿"的经验教训，主要是博古主持并作主报告，他对军事路线进行检讨，过多强调客观原因，为错误做了辩护和解释。周恩来做了副报告，他在主观因素上，明显与李德、博古划清了界限。他在报告中做了自我批评，明确承认第五次反"围剿"失败的主要原因是战略战术的错误，同时批评了博古的短促突击和拼消耗的错误。张闻天做了"反报告"，指出博古的报告基本上不正确，是因为博古没有认识到和不愿承认战略和战术的错误。随后，毛泽东作了长篇发言，强调当前首先要解决军事路线问题，系统批判了"左"倾军事路线的错误和在各方面的表现，如防御中的保守主义、进攻中的冒险主义和转移中的逃跑主义。毛泽东在发言中摆事实，讲道理，用一、二、三、四次反"围剿"胜利的事实，批驳了博古用敌强我弱的客观原因为第五次反"围剿"

失败做辩护的观点。毛泽东的发言也谈到了政治路线问题，指出为什么产生错误的军事路线，是因为错误地估计政治形势，过分夸大国民党统治的危机和革命力量的发展，忽视了中国革命的长期性和不平衡性。毛泽东的发言反映了与会者的共同想法和正确意见，受到参加会议绝大多数同志的热烈拥护。参会人员除了凯丰、博古和李德，都支持毛泽东的意见。王稼祥在之后的发言中旗帜鲜明地支持了毛泽东的意见，严厉批判了博古和李德在军事上的错误，拥护由毛泽东来指挥红军。朱德在发言中明确表示支持毛泽东的意见，向来谦虚稳重的朱德在这次发言中强调要追究临时中央领导的错误，谴责他们排斥了毛泽东，依靠洋顾问李德弄得根据地丧失，许多红军战士牺牲。强调如果还是这样的领导，部队就不能再跟着走下去。聂荣臻、李富春、彭德怀、刘少奇、李卓然等在发言中都表达了对博古、李德错误的不满，积极支持毛泽东的正确意见。

经过充分的讨论，遵义会议做了下列决定：（1）选举毛泽东同志为中央政治局常委；（2）张闻天同志起草决议，委托常委审查后，发到支部中去讨论；（3）常委中再进行适当的分工；（4）取消三人团，仍由最高军事首长朱德、周恩来同志为军事指挥者，而周恩来同志是党内委托的对于指挥军事上下最后决定的负责者。

遵义会议后，全党全军进行遵义精神的贯彻落实，纠正了一批冤假错案。遵义会议后的新的中央，改变了"左"倾宗派主义的干部政策，对犯了错误的同志既严肃批评，又热情团结；同时对以前受到错误打击的人如江华、萧劲光、罗明、邓小平等进行平反；军事上采取了正确的战略战术。遵义会议后，党中央和红军在以毛泽东为核心的新的领导集体的领导下，军事上采取了灵活机动的战略战术，打得赢就打，打不赢就走。毛泽东等善于接受红军指战员的建议，避免了重大损失，取得了二战遵义、四渡赤水、巧渡金沙江、强渡大渡河等战役的胜利，摆脱了国民党的围追堵截。

正因为如此，遵义会议成为中国革命的伟大转折。2021 年 11 月 11 日中共十九届六中全会通过的《中共中央关于党的百年奋斗重大成就和历史经验的决议》指出，1935 年 1 月，中央政治局在长征途中举行遵义会议，事实上确立了毛泽东同志在党中央和红军的领导地位，开始确立以毛泽东同志为主要代表的马克思主义正确路线在党中央的领导地位，开始形成以毛泽东为核心的党的第一代中央领导集体，开启了党独立自主解决中国革命实际问题新阶段。在最危急关头挽救了党、挽救了红军、挽救了中国革命，并且在这以后使党能够战胜张国焘的分裂主义，胜利完成长征，打开中国革命新局面。这在党的历史上是一个生死攸关的转折点。

图 1-1　遵义会议会址

12

如何理解四渡赤水是毛泽东军事生涯的得意之笔？

四渡赤水出奇兵。毛泽东在 1960 年曾对到访的英国陆军元帅蒙哥马利说，四渡赤水是他一生中的"得意之笔"。

四渡赤水之战是遵义会议后中央红军在川黔滇交界的赤水河地区进行的一次出色的运动战。在这次系列作战中，毛泽东充分利用敌人的内部矛盾，灵活地变换作战方向，一会走大路，一会走小路，一会走老路，一会走新路，指挥红军纵横驰骋于川黔滇边界地区，巧妙地穿插于敌人重兵集团之间，调动和迷惑敌人。当发现敌人的弱点时，立即抓住有利战机，集中兵力，歼敌一部，牢牢把握战场的主动权，从而取得了战略转移中具有决定意义的胜利。毛泽东领导的四渡赤水系列作战成为战争史上以少胜多、以弱胜强、变被动为主动的生动范例。

一渡赤水，转战扎西。遵义会议后，中革军委向各军团首长下达《渡江作战计划》，指令中央红军各部队进至赤水、土城附近地域后，分兵 3 路由宜宾、泸州间的蓝田坝、大渡口、江安一线北渡长江，进至川西北建立新的苏区。1935 年 1 月 24 日，红一军团击溃黔军的抵抗，攻占土城。28 日，红三、红五军团，军委纵队，干部团，红一军团一部在土城、青杠坡地区对尾追的川军两个旅发起猛攻，予以重创。此时，川军后续部队 4 个旅迅速增援。毛泽东等在土城召开会议果断决定，立即撤出战斗，西渡赤水河，向四川古蔺以南地区前进，寻找机会北渡长江。1 月 29 日，红军分 3 路从猿猴（今元厚）场、土城南北地区西渡赤水河，向古蔺、叙永地区前进。2 月 7 日，毛泽东等鉴于川军已加强了长江沿岸防御，并以优势兵力分路向红军进逼，决定暂缓执行北渡长江计划，以川滇黔边境为发展地区，争取由黔西向东的有利发展。于是，红军向川滇边的扎西（今威信）地区集中。

二渡赤水，回师黔北。红军进至云南扎西地区，蒋介石方面仍错误判断红军将迂回北渡长江，将湘军改为第一路军，何键为总司令，以其主力在湘西"围剿"红二、红六军团。薛岳兵团和滇黔两省军队组成第二路军，龙云为总司令，薛岳为前线总指挥，下辖 4 个纵队。企图围歼中央红军于长江以南，横江以东、叙永以西地区。为迅速脱离川、滇军的侧击，毛泽东等决定东渡赤水河，向国民党军兵力薄弱的黔北地区进攻，以调动敌人，赢得主动。11 日，中央红军从扎西挥师东进，于 18 日至 21 日在太平渡、二郎滩渡过赤水河，向贵州桐梓地区急进。同时以红五军团的 1 个团向温水方向开进，以吸引追击的川军。红军此次二渡赤水，完全出乎蒋介石的意料。24 日，红一军团先头部队第一团进占桐梓，桐梓守敌退守娄山关。28 日晨红军再占遵义城，并控制了城西南的老鸦山、红花岗一线高地。此时，赶来增援的国民党军第五十九师、九十三师已进至遵义以南的忠庄铺、新站附近。红军乘胜发起攻击，迅速将敌两个师大部歼灭于忠庄铺、遵义西南及乌江北岸地区。

三渡、四渡赤水，声东击西。遵义战役后，蒋介石由汉口飞抵重庆坐镇指挥，并改以堡垒主义和重点进攻相结合的战法，企图南北夹击，围歼红军于遵义、鸭溪地区。3 月 5 日以后，中央红军以红九军团在桐梓、遵义地区吸引川军向东，主力由遵义地区西进白腊坎、长干山（今长岗）寻机作战未果。15 日，红军主力进攻鲁班场敌人第二纵队，因敌人 3 个师密集一处，修筑堡垒严防死守，攻击未能取得明显成效，而敌人援军第一纵队已进至枫香坝地区。红军遂转兵北进，于 16 至 17 日在茅台及其附近西渡赤水河（三渡赤水），向四川南部的古蔺、叙永方向前进。19 日，红军攻占镇龙山，随后进至大村、铁厂、两河口地区。红军再次进入川南，蒋介石判断中央红军又要北渡长江，急令所有部队向川南攻击，企图围歼红军于古蔺地区。在国民党重兵再次向川南集中的情况下，毛泽东等决定，乘敌不备折兵向东，在赤水河东岸寻机歼敌。为迷惑国民党军，红一军团1个团大张旗鼓地向古蔺前进，诱敌向西。主力则由镇龙山以东地区，突然折向东北，于3月21日晚分别经二郎滩、九溪口、太平渡东渡赤水河（四渡赤水），从敌重兵集团右翼分路向南急进。31日红军主力经江口、大塘、梯子岩等处南渡乌江。4月2日，中央红军以一部分兵力佯攻息烽，主力进至狗场、扎佐地域，前锋逼近贵阳。在贵阳督战的蒋介石惊恐万分，急令各纵队增援贵阳。红军则兵临贵阳逼昆明，在贵阳以东虚晃一枪，迅速取道黔西南向云南进军。至此，中央红军巧妙地跳出了国民党军的合围圈。

13

为什么要进行彝海结盟？

彝海结盟是红军长征中刘伯承与彝族首领小叶丹歃血结盟，从而使红军顺利通过彝民区的故事。

中央红军长征渡过金沙江，到达会理地区，将国民党"追剿"军甩开了一星期以上的行程，获得了战略转移中的主动权。但是形势依然严峻，波涛汹涌的大渡河阻挡于前，薛岳指挥的十几万敌兵紧追于后，西南方向则是大部队无法生存的荒凉之地。红军唯一的前进方向就是继续北上，通过彝民区，渡过大渡河，与活动于川西北的红四方面军会合，开创新的根据地。蒋介石也看到了红军的险境，亲自飞临昆明部署大渡河会战。在云南军阀龙云的献计下，蒋介石确定了一个将红军围困于金沙江以北、大渡河以南、雅砻江以东地区"根本歼灭"、让红军成为"石达开第二"的会战计划。红军面临严峻局面，打破此种不利局面的第一步，就是抢在国民党军增援部队到达和江防部署完成前，进到大渡河河畔，迅速渡过大渡河，否则后果将不堪设想。

在冕宁地下党组织提供的信息帮助下，红军了解到从泸沽到大渡河的道路、敌情、民情、给养等详情，定下北进的路线。从泸沽到大渡河有两条路可走：一是从泸沽，经越西到大树堡，由此渡大渡河到达对岸的富林。这是通往雅安、成都的大道，也是国民党军的重点防御方向。另一条路则是山路，从泸沽过冕宁，经大桥镇、拖乌，穿过冕宁西北的彝族聚居区，至大渡河边的安顺场。此路崎岖难行，并且要穿越彝民区，当时彝汉矛盾很深，彝民敌视汉人，国民党军估计红军不会走此路，防堵力量比较薄弱。

红军总参谋长刘伯承仔细分析了冕宁地下党提供的情报和通过电台截获的国民党军部署，认为红军应该立即改变原定行军路线，以少部分兵力经越西向大树堡前进，迷惑敌人，而红军主力则转道经冕宁到安顺场的小路，穿越彝民区，出敌不意，直趋大渡河。毛泽东等中央和中革军委领导人完全同意刘伯承的建议。

1935 年 5 月 21 日，中央红军从冕宁县泸沽地区分兵两路北进。主力为左路，经冕宁县大桥、拖乌等地，通过彝族聚居区，向石棉县安顺场前进，强渡大渡河。红军主力经冕宁迅速北进，开始向彝族区进军。为顺利通过彝族区，红一军团第一师第一团和红一军团侦察连、方面军工兵连组成中央红军先遣队，刘伯承兼先遣队司令员，聂荣臻兼政治委员，红一军

团组织部部长萧华及总部工作团团长冯文彬率工作团随队行动。金沙江与
大渡河之间的大小凉山地区，是最大的彝族聚居区。彝族同胞长期遭受国
民党政府、地方军阀以及奴隶主的残酷压迫和剥削，经济文化落后，生活
极其贫困。彝族人民对汉族不信任，特别不准汉人军队进入他们的地区。
彝族反抗精神强，各家支都有自己的武装。彝民枪法准，身体灵活，登山
涉险，如履平地。红军要从这里经过，困难很大。正确执行中国共产党的
民族政策，争取彝族人民的支持，成为红军能否顺利北进的关键。

　　5月22日，红军工作团行至冕宁北25千米处的袁居海子地区，被彝
族罗洪、老伍、沽基（鸡）等家支的人员挡住了去路。随后跟进的工兵连
也遭到了彝民的围攻。红军官兵严守纪律，对彝民的围堵和抢夺物资坚持
不还击，通过通司（向导）耐心地向彝族群众宣传共产党的民族政策和红
军的宗旨，同时派出代表同彝族首领谈判。红军官兵的严明纪律，逐步赢
得了彝族群众的信任。经过耐心的说服工作，彝民终于通过谈判与红军达
成了协议。刘伯承亲自接待沽基家支首领小叶丹，并按照彝族习俗同他结
拜为兄弟。红军还向小叶丹赠送武器、弹药，帮助他们建立游击队。当晚，
刘伯承邀请小叶丹等同返大桥营地，给予热情款待，并代表红军授予小叶
丹一面书写着"中国彝民红军沽鸡支队"的旗帜，正式成立了中国红军彝
民支队。第二天，在小叶丹的引导下，先遣队再次进入彝民区。彝民结队
迎接红军，红军则每人准备一件礼物赠给彝族兄弟。走出沽基家支范围，
小叶丹派人继续引导红军上路。

　　经过七天七夜的行军，红军畅通无阻，全部通过了被视为畏途的彝族
区，同时吸收了一批彝族青年参加红军。彝海结盟，是党的民族政策胜利
的标志性事件，这使蒋介石企图利用彝族同胞阻止红军前进的阴谋彻底破
产，红军因此争取了时间，为先机到达大渡河边、进而强渡大渡河创造了
极为有利的条件。

巧渡金沙江是怎么发生的?

红军逼近云南省会昆明,云南全境震动。为保住昆明,云南军阀龙云电催尚在曲靖以东的孙渡纵队急赴昆明,同时调集云南各地民团防守昆明城。这就削弱了滇北各地和金沙江南岸的防御力量,为红军巧渡金沙江、北上川西创造了有利条件。

根据以上情况,中革军委于 1935 年 4 月 29 日发出《关于野战军速渡金沙江转入川西建立苏区的指示》强调:由于两月来的机动,我野战军已取得西向的有利条件,一般追敌已在我侧后,但敌已集中 70 团以上兵力向我追击,在现在地区我已不便进行较大的作战机动,另一方面金沙江两岸空虚,中央过去决定野战军转入川西,创立苏维埃根据地的根本方针,现在已有实现的可能了。因此政治局决定我野战军应利用目前有利时机,争取迅速渡过金沙江,转入川西消灭敌人,建立起苏区根据地。

金沙江是长江的上游,从海拔五六千米的昆仑山南麓、横断山脉东麓奔腾而下,水流湍急,难以徒涉。皎平渡位于云南元谋县和四川会理县交界处,是金沙江的重要渡口,红军到来之前,国民党军把船只拉往对岸,控制了对岸渡口。红军各部根据军委命令,相互配合,向渡口前进。最先到达金沙江边的是中央纵队干部团。5 月 2 日,红军总参谋长刘伯承率干部团,化装成国民党军,以急行军赶往皎平渡口。由于敌军没有估计到红军来得这么快,渡口南岸还停有两条木船,干部团利用木船渡过金沙江。渡江后,翻越中武山,打垮敌人一个营,占领通安镇,阻敌南下,为中央红军主力渡江起到了战略保障作用。5 月 4 日,红一军团主力赶到龙街,准备在此渡江。但由于此处江面宽阔，水流湍急，敌机经常低空袭扰，架设浮桥没有成功，根据中革军委指示，沿江而下，到皎平渡过江。为迷惑敌人，红一军团留下少数部队和工兵，继续架设浮桥，做出渡江姿态，大部队秘密向皎平渡口挺进。在此期间，左纵队红三军团抢占了洪门渡口，因船只少、水流急，不能架桥，难以保证大部队迅速过江，也按照中革军委决定，主力改由皎平渡过江。

为了渡江，红军做出了最大努力。有虚张声势在其他渡口迷惑敌人的部队，也有勇敢阻击敌人的后卫部队。后卫部队主要是红五军团。5月6日，国民党军先头部队一个师到达团街，担任后卫的红五军团在董振堂的指挥下，利用有利地形，坚决阻击追敌，以不怕苦、不怕死的革命精神，坚守数天，连续打退敌人3次进攻，圆满完成了掩护主力部队渡江的任务。在皎平渡口，更是紧张有序。刘伯承过江后看到水深流急，无法架桥，便在北岸山洞里设立渡江指挥部，制定了《渡河守则》。大部队到达后，便立即开始渡江。毛泽东、周恩来、朱德等渡江后，都参加了渡江指挥调度工作。刚开始，仅有两条船，往返一次需要40多分钟，每昼夜只能渡江1200人左右。照此速度，全部红军要1个月才能渡过金沙江。后来在当地船民张朝寿等人的帮助下，又找到了4条大船，并请来了两岸35名船工，加快了渡江进度。在紧张的日日夜夜里，红军领导人亲自和船工一起开会，向船工们宣传革命道理。红军关心船工生活，尽管给养困难，还是杀猪宰羊，优待船工，并给每人每天发5元的工费，船工们个个干劲十足，愿为红军出力。后来红军又找到一条渔船，凭借七条渡船，截至9日，除红三军团第十三团从洪门过江，红一军团一个野战医院从鲁车渡过江外，红一、红三、红五军团和中央军委纵队全部从皎平渡渡过了金沙江。在此期间，单独行动担任战略奇兵的红九军团，经过迂回行军也由会泽以西的树桔、盐井坪地区渡过了金沙江。

　　5 月 11 日，当敌人追剿部队薛岳部第十三师先头别动队赶到金沙江边时，红军早已渡过金沙江到达四川会理地区集结休整，狼狈不堪的追敌只好望江兴叹。渡过金沙江后，红军中的知识分子黄镇等人创作了《一只破草鞋》的活报剧，歌颂了红军巧渡金沙江的胜利，讽刺了敌人追击千里，只拣到红军丢下的一只破草鞋的狼狈相。巧渡金沙江，使中央红军跳出了数十万敌军围追堵截的包围圈，粉碎了敌人围歼红军于川黔滇地区的计划，实现了渡江北上的战略方针，取得了长征途中的战略主动权。

15

红军为什么要飞夺泸定桥？

　　飞夺泸定桥发生在 17 名红军勇士强渡大渡河之后，由于安顺场通过船只渡河速度太慢，必须抢夺上游的泸定桥，使主力从桥上渡河。同时由于安顺场到泸定桥距离远、敌情重、时间紧，所以把红军指战员夺取泸定桥称为"飞夺泸定桥"。

　　1935 年 5 月 26 日，张闻天、毛泽东、周恩来、朱德等中央领导同志到达安顺场，听取了刘伯承、聂荣臻的汇报，研究了如何使全军尽快渡过大渡河的问题。安顺场渡口的大渡河河面有 300 多米宽，水流急，旋涡多，既不能泅渡，也无法架桥，只能依靠少量的木船摆渡过河，效率低下。当时红一军团第一师正在渡河，渡船往返 1 次，需要 1 个小时，要使几万红军人马全部摆渡过河，大约需要 1 个月，而敌追击部队离红军只有几天路程，形势非常危急。如果中央红军不能迅速全部渡过大渡河，非但不能实现与红四方面军会合的战略目标，而且还有被分割在大渡河两岸，像当年石达开率领的太平军一样，有惨遭敌人歼灭的危险。毛泽东等立即决定，迅速夺取泸定桥，主力从泸定桥渡过大渡河。

国民党军队对红军的动向有所察觉，加紧了对泸定桥的军事防御。红军获悉敌军部署，认为如不抢在敌军行动之前先期到达泸定桥，或乘敌人刚到泸定桥立脚未稳而发动攻势，夺取泸定桥就很难成功。因此，中央立即决定由红一军团第二师第四团为先头部队奔赴泸定桥，迅速完成夺桥任务。

安顺场距离泸定桥有 320 里（160 千米，下同），中革军委要求第四团 3 天内赶到，时间紧，任务重，不容耽误。5 月 27 日清晨，先头部队在团长王开湘、政委杨成武的率领下出发，沿河西岸向北行军 40 里（合计 20 千米）到达海尔洼（今石棉县新民乡），前行道路越来越险峻，一边临近河谷，一边紧靠峭壁。红军走在小道上，不久就被对岸的敌军发现，敌军用枪扫射，临河小道也不能行走，只有绕道走。红军爬大山，开新路，通过绕道，花费不少时间，于下午到达菩萨岗。菩萨岗是一座险峻的高山，是大渡河西岸由安顺场方向到泸定桥的必走之路，敌人在隘口布置有 1 个营的兵力防守。红军通过两面夹击，英勇作战，在黄昏时占领了隘口。5 月 28 日清晨，红四团在行军途中接到军委命令，要他们先遣团按照原定计划提前一天即在 29 日拂晓前赶到泸定桥，迅速完成夺桥任务。此时，离 29 日拂晓不足 24 小时，但距离泸定桥还有 240 里（120 千米，下同），道路坎坷，又有阻敌，如此短的时间走完这么长的路是极其困难的。然而这个任务必须按时完成，因为它关系到全军的安危。团部立即分派政治工作人员到连队进行政治动员。经过紧急动员，部队士气高昂，"坚决完成任务，拿下泸定桥"的口号声此起彼伏。战士们加快行军速度，打下敌人把守的高山猛虎岗。下午 5 时，红军到达奎武村。此地距离泸定桥还有 95 里路。天色渐黑，下起大雨，山路又烂又滑。部队连续十多小时急行军、打仗，疲惫不堪。快到泸定桥的时候，面对对岸打着火把行军的敌军，红军为争分夺秒起见，机智地打着刚被打败的敌军番号，也点着火把向前赶路。两路火把，两路人马，各怀着不同的目的向泸定桥前进。

红四团经过一天一夜的急行军，走完 240 里路，终于在 29 日天刚亮时，赶到了泸定桥的西面。在接近桥头之前，红军兵分两路：一路沿河而上，另一路爬上海子山，两路夹击，迅速击溃了桥西头的敌人，控制了桥的西面。这时，敌人还没有来得及拆除铁索桥上的全部桥板，但靠近西桥头的桥面大部分被拆除，只剩下光溜溜的 13 根铁索。对岸敌人凭险固守，不断用机关枪、迫击炮射击，红军也猛烈还击。中午，红四团在西桥头下游的沙坝村天主教堂内召开夺桥战前动员会，组织以二连连长廖大珠、指导员王海云为首的 22 名勇士为夺桥突击队。指定第三连由连长王有才负责，担任第二梯队，具体任务是紧随突击队，一边冲锋，一边铺桥板，以保证后续部队迅速通过泸定桥进入对面的泸定县城。同时在桥头配置了强大的火力网，为攻击夺桥进行火力掩护。下午 4 时，团长王开湘一声令下，夺桥行动开始，所有的武器一齐向对岸敌人开火，22 名勇士冒着枪林弹雨，攀上铁索，向对岸快速爬去。紧跟后面的第二梯队，抢铺桥板。当突击队员冲到对岸桥头时，敌人放火燃烧东桥头的楼亭，战士们不顾一切，冲进火海，夺取了桥头阵地，一直冲到街上，与敌人展开激烈巷战。敌不支，慌忙向天全方向逃跑。黄昏时分战斗结束，红四团牢牢控制了泸定桥及泸定全城。西岸红军主力部队连续不断从桥上通过了大渡河。蒋介石策划在大渡河沿岸"围剿"红军，"要红军成为石达开第二"的美梦彻底破灭。

16

红军为什么要爬雪山、过草地?

为了保存中国革命的有生力量，摆脱国民党军及地方军阀部队优势兵力的围追堵截，实现革命力量的汇聚，然后北上抗日，红军只能选择向中国西北人迹罕至的雪山草地行军。可以说，红军爬雪山、过草地是由革命力量对比悬殊及中国的地理环境决定的。

中央红军要实现同红四方面军的会合，必须翻越雪山夹金山。红军渡过大渡河后，党中央做出兵分三路迅速夺取天全、芦山，实现同红四方面军会合的部署。中央红军坚决响应中共中央、中革军委的号召，纷纷展开革命竞赛活动，决心以英勇战斗的实际行动，战胜敌人，克服困难，实现同红四方面军兄弟部队会师。部队还开展了热烈的募捐活动，收集了许多慰问品，准备送给红四方面军的战友们。1935 年 6 月 8 日，中央红军一举突破敌人芦山、宝兴防线，进至夹金山脚下的大硗碛地区。在此藏民聚居区，红军进行了翻越雪山的准备工作。在开始爬雪山前，中央红军在大硗碛附近头道桥的空地上，召开动员大会。然后红军指战员经过简单的准备，如用柏树皮、干竹子做成一个个火把，砍来竹竿、树条做成拐杖，把从天全、庐山一带买来的干辣椒发给每个战士御寒，然后向夹金山进发。夹金山是中央红军长征中跨越的第一座大雪山，海拔 4000 多米，山上终年积雪不化，空气稀薄，没有道路，没有人烟，气候变幻无常，时雨时雪，一会冰雹，一会大风，被当地人称为"神山"。对于大部分来自南方、长途行军体力困乏、衣着单薄的红军指战员来说，要翻越这座人迹罕至的大雪山，具有非常大的挑战性。红军指战员以大无畏的英雄气概，于 6 月

12 日从大硗碛地区出发，开始向夹金山进军。红军先头部队边开路边行进，稍有不慎，就会滑下山崖，葬身雪窟。广大指战员冒着风雪严寒，手拉手，艰难地向前跋涉。越往上爬，气温越低。寒风吹在身上，冷飕飕的。雪粒打在脸上，如刀割一样疼。越往上走，空气越稀薄，身体缺氧的症状越发明显，胸口就像压着一块大石头一样透不过气来，两腿像灌了铅似的沉重。战士们饿了就啃点干粮，渴了就抓把雪解渴，累了也不敢休息，因为有一旦坐下来就有再也站不起来的危险。指战员们发扬阶级友爱精神，互相搀扶着，向上攀登。有的伤病员倒在雪地上再也没有起来，长眠于雪山上。红军指战员靠着革命的英雄主义精神，坚韧不拔的意志，相互之间团结协助，终于征服了雪山，各部队于 6 月 18 日全部翻越夹金山，实现了不久在懋功与红四方面军会合的既定计划。

1935 年 6 月，中央红军翻越夹金山后在懋功与红四方面军会合。两大主力红军会师后，党中央审时度势确定了北上的战略方针。6 月 26 日，中央政治局在两河口召开扩大会议，作出了《中共中央政治局决定——关于一、四方面军会合后的战略方针》，决定指出：在一、四方面军会合后，我们的战略方针是集中主力向北进攻，在运动战中大量消灭敌人。首先取得甘肃南部以创造川陕甘苏区根据地，使中国苏维埃运动放在更巩固、更广大的基础上，以争取中国西北各省以至全中国的胜利。为了实现这一战略方针，在战役上必须首先集中主力消灭或打击胡宗南军，夺取松潘与控制松潘以北地区，使主力能够胜利的向甘南前进。

为实现这一战略目标，红军必须通过川西北草原，征服茫茫的水草地。川西北草原，又称松潘草地，位于青藏高原与四川盆地连接地带，纵横几百千米，面积约 15200 平方千米，海拔 3000 米至 4000 米，为高寒平坦草原。这里不见山丘，不见林木，没有村舍，没有道路，人烟稀少，茫茫无际。草原上沼泽遍布，行走困难。水质恶劣，无法饮用。气候多变，昼夜温差大。

中共中央和中革军委通过前期的调查对草地的险恶有初步了解，对征服草地的准备工作极为重视，主要是进行了筹集粮食和御寒衣物的准备工作。8月11日，红一方面军司令员兼政委周恩来致电红一、红三军团领导人，要求努力筹粮，改善给养，每人带足15天的粮食，并收集布、羊毛等，做到每人有皮衣，每连有帐篷。除做好物资准备外，各部队还加强军事训练，特别是进行了打骑兵的训练。

随后一场征服草地的行军开始了。茫茫草地，无路可走。担任草地探路的红四团依靠藏族向导，踩踏着千年沼泽的草甸，在水草深处寻找出一条曲折小路。但是，由于红军进入草地后，连日阴雨不断，雨水打湿了战士们的衣服，也淹没了先头部队设置的路标，有些战士因此身陷沼泽。草地上缺乏判定方向的参照物，以至于战士们有时艰难地走了半天，又回到了原地。此外，饥饿寒冷时刻困扰着疲惫不堪的红军战士。川西北物产不丰，很多战士筹粮不足，进入草地后很快就断粮。断粮后只有吃野菜，野菜吃完了，就吃坐骑或其他牲口，或者吃皮带、皮鞋。再加上高原的寒冷，进一步侵蚀着由于缺乏食物、体力不支的战士们。不少战士走着走着，就倒地不起。在草地恶劣的自然环境和饥寒交迫之中，许多战士牺牲。仅红一军团的统计，牺牲者和掉队者就有500多人。经过六七天的艰苦行军，毛泽东、周恩来所在的右路军终于走出了草地，到达班佑。红军到达班佑，进行了包座战役，消灭了阻挡红军的国民党军胡宗南部1个师，打开了红军北上向甘南进军的门户，为实现中共中央北上战略方针创造了有利条件。

- 17

中央红军与红四方面军的懋功会师有什么意义？

1935 年 6 月 12 日，中央红军先头部队红一军团第二师第四团翻越夹金山，到达懋功县城东南的达维镇，在达维的木城沟与前来迎接中央红军的红四方面军先头部队第九军第二十五师第七十四团胜利会师。亲历者红四团政委杨成武描述当时的动人场面："我们蜂拥而下，同四方面军的同志们紧紧握手，热泪夺眶而出，长时间地沉醉在欢乐中，200 多天，1 万多里的征战，我们遇到的是敌人的紧紧追击，重重堵截和想象不到的层层困难，从来没有看到兄弟部队的战友。在湘江之滨，我们虽然那样热切地盼望与二、六军团会合，但未能如愿。此刻，突然与红四方面军会合，我们怎能不激动！怎能不欢喜若狂！我们欢呼着涌进山下的村庄——达维村。"红一、红四方面军先头部队会师的消息，通过电台迅速传到了各自的总部。会师不久，红二十五师师长韩东山立即向懋功的红三十军政委李先念报告了会师喜讯，李先念又立即报告了驻守在理番的红四方面军总部。同一天，红一方面军第二师师长陈光向红一军团和中革军委报告了先头部队在达维会师的消息。

在以后的几天里，中共中央、中央红军的领导人和红四方面军的领导人互相致电，热烈祝贺两军胜利会师。6 月 17 日，毛泽东、朱德、周恩来、张闻天等中央领导人翻过夹金山，来到达维，受到红四方面军先头部队的热烈欢迎。当天晚上，在达维镇喇嘛寺附近的坡地上，举行了两军会师联欢会。6 月 18 日，中央领导人离开达维向懋功进发，当天到达懋功，受到热烈欢迎。两支兄弟部队开展了互相慰劳的活动。开展了互访、互学活动，各部队驻地处处是互相学习、互相帮助的动人场面。毛泽东等中央领导人和中央红军领导人来到懋功后，为庆祝两大主力红军会师，总政治部召开了一次联欢庆祝大会。到 6 月 21 日，庆祝会师的活动达到高潮，当日在懋功天主教堂里，召开了中央红军和红四方面军干部同乐联欢会。

懋功会师汇聚、壮大了革命力量。懋功会师使两支红军主力走到了一起。两个方面军的指战员，来自五湖四海，操着不同的乡音。他们素昧平生，萍水相逢，各自的经历不同，穿戴的军服也不尽相同。但是，战友的情意，共同的理想，使他们一见如故，胜似亲人。这充分表达了两支兄弟部队之间的团结和友谊，体现了革命军队之间的良好关系。红军指战员以自己的模范行动，谱写了一曲团结互助、胜利会师的凯歌。两大主力克服重重阻碍的胜利会师，壮大了红军的力量，为之后统一在中国共产党的领导下，开创革命新局面创造了有利条件。

懋功会师粉碎了蒋介石各个消灭红军的计划。国民党方面的将领也认识到这一点，认为红军两大主力在懋功的会师，宣告了国民党"围剿"红军的彻底失败。红军主力会师前，国民党调兵遣将，三令五申，却不能各个击破红军。红军会师后，力量更为强大，国民党军再次高调指出要聚歼红军，等于是大言不惭，痴人说梦。

- # 18

两河口会议做出了哪些重大决策？

中央红军和红四方面军在懋功会师，实现了中共中央和中革军委制定的与四方面军会合的战略任务。会师后，如何正确分析形势，尽快确定新的战略方针，打破蒋介石的围追堵截计划，建立新的根据地，成为党和红军面临的重要问题。根据对当时国内外形势和所处地理环境的分析，中共中央和中革军委决定放弃遵义会议关于在川西北建立根据地的设想，集中力量向东、向北发展，在川陕甘建立根据地。红四方面军领导人张国焘、陈昌浩对此有不同意见，主张向西或向南进攻，实际上提出了一个与中央不同的战略方针。

为了统一思想，解决意见分歧，中共中央决定在两河口开会，讨论决定两军会师后的战略方针问题。6 月 23 日，中央领导人到达两河口。6 月 25 日，张国焘到达两河口。6 月 26 日，中央政治局在两河口召开扩大会议，讨论战略方针问题。会议由张闻天主持。出席会议的有张闻天、毛泽东、周恩来、朱德、博古、王稼祥、张国焘、刘少奇、邓发、凯丰，以及刘伯承、李富春、林彪、聂荣臻、彭德怀、林伯渠等。

周恩来在会上做了目前战略方针的报告。他首先回顾了中央红军撤离中央苏区后战略方针的几次变化。接着围绕目前行动方针问题，阐述了在松潘、理番、茂县一带不利于建立根据地，必须北上川陕甘建立根据地的理由。主要是川陕甘一带地域宽大，好机动。群众条件好，人口较多。经济条件好。张国焘在随后发言中首先讲了红四方面军离开鄂豫皖根据地以后的作战情况。在谈到战略方针问题时，他一方面表示同意政治局关于在川陕甘建立根据地的方针，另一方面却鼓吹其南下的主张。之后毛泽东、朱德、彭德怀等相继发言，一致同意周恩来报告中提出的北上方针。最后，全体会议通过了周恩来报告中提出的战略方针，并委托张闻天起草决定。

6月28日，中央政治局作出了《中共中央政治局决定——关于一、四方面军会合后的战略方针》。决定指出：一、在一、四方面军会合后，我们的战略方针是集中主力向北进攻。在运动战中大量消灭敌人。首先取得甘肃南部以创造川陕甘苏区根据地，使中国苏维埃运动放在更巩固、更广大的基础上，以争取中国西北各省以至全中国的胜利。二、为了实现这一战略方针，在战役上必须首先集中主力消灭或打击胡宗南军，夺取松潘与控制松潘以北地区，使主力能够胜利的向甘南前进。三、必须派出一个支队向洮河夏河活动，控制这一地带，使我们能够背靠于甘青新宁四省的广大地区向东发展。四、大小金川流域在军事政治经济条件上均不利于大红军的活动与发展。但必须留下小部分力量，发展游击战争，使这一地区变为川陕甘苏区之一部。五、为了实现这一战略方针，必须坚决反对避免战争退却逃跑，以及保守偷安停止不动的倾向，这些右倾机会主义的动摇是目前创造新苏区的斗争中的主要危险。

19

天险腊子口是怎么夺取的？

中共中央率红一方面军主力单独北上到达俄界，政治局于1935年9

月 12 日召开紧急扩大会议，讨论张国焘的分裂错误和行动方针。俄界会议确定，应继续坚持北上方针，首先打到甘肃东北部或陕北，开展游击战争，创建根据地。此时蒋介石对围堵红军的部署进行了调整，特别急电甘肃绥靖公署主任、第三路军总司令朱绍良督令所部妥为防堵，薛岳部迅速向川甘边地区集中。朱绍良接令后，令鲁大昌部新编第十四师派兵进驻腊子口附近构筑工事固守。中央决定，趁国民党军部署尚未完成的有利时机，红一军在前，红三军殿后，军委纵队在中间，迅速向岷州前进，彻底摆脱困境。

腊子口正好是从俄界到岷州中间必经的天险隘口。天险腊子口位于甘肃省迭部县东北、岷县以南，是四川通往甘肃的重要隘口。隘口地形险峻，由于大山被劈开了 1 条 30 多米宽的口子，两侧绝壁峭立。腊子河从谷底流过，水流湍急，无法徒步穿越。当时河上有道木桥，前面是三四十米宽、一百多米长的一片开阔地，要过腊子口，必先过这道木桥。进了隘口，是一个三角形的谷地。隘口北面是高耸入云的腊子山，可以说腊子口是天险，一夫当关，万夫莫开。

国民党军新编第十四师第一旅在腊子口据险扼守，并在隘口至岷州设置了数道防线，共部署了 3 个团。突破了腊子口，国民党军阻挡红军北上的企图就将彻底破产。而攻不下腊子口，则红军或将被迫掉头南下，重过草地，或者向西进青海，或者向东出川东北取道汉中北上，无论哪条路都将落入国民党军重兵堵截之中，对于刚经历穿越草地、兵力单薄的陕甘支队而言，都是凶险之路。

9 月 16 日，毛泽东在黑朵寺与林彪、聂荣臻商量后，下定决心要不惜一切代价，坚决夺取腊子口，打开通往甘南的通道。当日，毛泽东致电彭德怀，通报作战计划，强调腊子口是隘路，非消灭敌人不能前进。红四团再次担负了开路先锋的任务。从俄界到腊子口，行程 190 余千米。在团长黄开湘、政委杨成武的率领下，红四团昼夜兼程，翻山越岭，穿越原始森林，向腊子口前进。红四团在距腊子口几十里的地方，击溃国民党军新编第十二师第六团，继续前进，利用捉到敌便衣侦探提供的国民党军在前面设伏的信息，黄开湘、杨成武将计就计，令先头部队化装前进，穷追猛打，当天下午直抵天险腊子口下。

红四团先头第一营随即发动进攻，但被国民党军占据天险，以机枪与手榴弹火力压制，数次进攻均未成功。天黑后，红四团调整部署，黄开湘率侦察连和第一营一连、二连组成迂回部队，攀岩绕至守军背后进攻。杨成武指挥第二营正面强攻，夺取木桥，猛攻隘口。迂回部队在一位被称为"云贵川"的苗族战士的带领下，攀上右侧悬崖，隐蔽进至守军背后的山顶，突然发起进攻。守军措手不及，立即陷入混乱状态。正面进攻部队趁势猛攻，前后夹击，激战两个多小时，终于在 17 日凌晨夺取了隘口，随后冲破隘口后的第一道防线、第二道防线。红四团紧追不舍，敌人一触即溃。天黑时，红四团追到了大草滩，这里是国民党军第一旅的补给基地，经过短兵相接，红四团占领了大草滩。在大草滩，红四团缴获粮食数十万斤，盐一千多公斤。随后，团主力于 18 日进占哈达铺。截至 18 日，陕甘支队主力全部通过了腊子口。

腊子口战斗至此胜利结束。红军突破天险腊子口，由此走出了川西北的少数民族聚居的苦寒之地，进入了甘南农耕地区。蒋介石企图把红军困死、饿死在雪山草地的计划彻底失败。

- # 20

为什么说哈达铺是长征的"加油站"？

　　一是红军在哈达铺进行了休整，获得了粮食物资的供应，战士们获得了急需的能量补充；二是红军在哈达铺通过国民党发行的报纸，获得了陕北红军活动的消息，使党中央下定了到陕北落脚的决心。

　　哈达铺是甘肃宕昌县的一个小镇，盛产中药当归，回族居民占一半。1935 年 9 月 18 日，红一军侦察连化装成国民党中央军，和平进占哈达铺。此时，由于毛泽东率领的陕甘支队行动神速，国民党军来不及调整部署，薛岳等中央军距离红军比较远，甘南的鲁大昌部在腊子口战斗中损兵折将，不敢贸然与红军交战。抓住此有利时机，中央决定，陕甘支队在哈达铺休整两天，恢复体力，进行整编，同时等候红四方面军部队一起北上。

　　在吃的方面，为了迅速恢复红军战士长途行军特别是爬雪山过草地消耗的体力，中央做出决定，全军上下，上到司令员，下到炊事员、挑夫，每人发 1 块大洋，以购买当地生活物资，改善生活。红军总政治部还特别提出了一个"大家要吃得好"的口号。由于哈达铺处于相对偏僻之地，交通不是很便利，物产相对丰富，物件十分便宜，加上红军在之前战斗中缴获了不少国民党军的大米、白面，于是，红军每个连队都杀鸡杀鸭、宰猪宰羊，顿顿吃肉，像过大年一样。官兵们在雪山、草地艰苦转战几个月，九死一生，饿得是皮包骨头，终于能够饱饱的吃一次开心的饭了。杨尚昆回忆红军在哈达铺休息补充体力的场景：后勤部的叶季壮在这里找了一个地方办流水席。所有经过这里的干部，都进去吃一次，有红烧肉、锅盔等。在每个人进去前，叶季壮都要说："你少吃一点啊。"之所以如此说，是因为饿得太厉害了，一下吃得过量，就会把人撑坏。总政治部还通令各个伙食单位，请驻地周围的老百姓会餐，因此各伙食单位都设有一两桌客饭，请来一二十个客人，男女老少都有，你劝我让，热闹非常。

在信息方面，由于在川西北地区长期滞留、作战近3个月，红军处于国民党军围追堵截当中，几乎与外界隔绝，无法得到其他红军部队活动的确切消息。虽然在6月召开的两河口会议上，中央政治局确定了北上建立川陕甘根据地的战略方针，但究竟到具体什么地方建立根据地，始终无法最后明确。在部队向哈达铺开进前，毛泽东特意交代红一军侦察连连长梁兴初、指导员曹德连，要注意在镇上收集国民党方面近期的报纸、杂志，找些"精神食粮"。梁兴初不负使命，率部在占领哈达铺时，抓获鲁大昌部一名少校副官。这名副官刚从兰州回来，所带物品中有几张近期的报纸。梁兴初在其中一张《晋阳日报》上看到，说陕北刘志丹已占领6座县城，拥有正规军5万余人，游击队、赤卫队和少先队20余万人，他们正关注着晋西北一带，随时有东渡黄河的可能。并且可能与徐海东领导的红二十五军会合。这张报纸上还附有一张所谓"匪区"的陕北革命根据地战略形势图。聂荣臻读完报纸后非常高兴，立即派人把报纸送给毛泽东。毛泽东看完报纸后，兴奋地指出，陕甘支队快到陕北根据地了。随后，中央到达哈达铺，梁兴初又送来了不少从镇上邮政所中找到的报纸，主要是当年7至8月份出版的天津《大公报》。

毛泽东、张闻天、周恩来等领导人从报纸中读到更多的关于红二十五、红二十六军的活动情况，以及红军在陕甘地区保存、发展了大片革命根据地的消息。这些宝贵的消息，使毛泽东、张闻天等人初步定下了到陕北落脚的决心。过了哈达铺之后，毛泽东指挥红军陕甘支队声东击西，利用国民党军部署上的空隙，穿越武山、漳县之间的封锁线，甩开了国民党军的重兵集团，渡过渭河，于9月27日到达通渭县榜罗镇。榜罗镇位于渭水北岸，距通渭城 45 千米。陕甘支队进驻榜罗镇后，从镇上一所小学里又获得了许多报纸，上面刊载了日本侵略中国北方的不少消息，也报道了红二十五军到达陕北与红二十六、红二十七军会合的消息。中央政治局于 9 月 28 日在榜罗镇召开政治局常委会议，分析研究了当前红军所面临的形势和陕北的军事、政治、经济状况，认为陕甘支队应迅速到陕北同陕北红军和红二十五军会合。会议决定改变俄界会议关于首先打到甘东北或陕北，以游击战争打到苏联边界去，取得国际帮助，整顿休养兵力，扩大队伍，创建根据地的原定战略方针，做出了把党中央和红军长征的落脚点放在陕北，在陕北保卫和扩大苏区的决策。

◎ 延伸阅读

长征路上的美食

　　哈达铺传统特色美食中最有特色的当属"红军凉粉"和"红军锅盔"，它们兼具地域文化和红色文化的双重特色。当年红军来到镇上，乡亲们热情地端上当地最好吃的凉粉送给他们品尝，"红军凉粉"由此得名。"红军锅盔"是哈达铺有名的风味美食之一，制作历史悠久，状如锅盔。用特制火锅灰烧而成，清香可口。红军走后，哈达铺人民将锅盔的外观改成由八个花瓣组成，象征红军的八角帽，名字也改为"红军锅盔"。

21

什么是吴起镇"切尾巴"战役？

1935 年 10 月，毛泽东率领中央红军陕甘支队刚到陕北吴起镇，国民党军部队接踵而来。蒋介石电令各部，说朱德、毛泽东率领的红军长途行军，疲惫不堪，企图进入陕北会合刘志丹，各部要前往堵截，寻找机会消灭红军。于是，国民党军白凤翔部第六师主力和归他指挥的第三师一部从正面推进，马鸿宾部第三十五师马培清骑兵团从侧后迂回，紧追陕甘支队，企图在吴起镇地区聚歼陕甘支队。曾在腊子口遭受红军沉重打击的鲁大昌部也匆忙赶来，企图报复红军。这些敌人，向"尾巴"一样跟在陕甘支队的后面，给红军及陕北根据地造成很大威胁。

陕甘支队在北上途中，为了保存力量，迅速前进，一般不与敌人硬拼，进入陕甘地区后，更是如此。除非敌人穷追、死拦，才给予痛击。这使得国民党军认为红军经过长途跋涉，已经兵困马乏，不堪一击，所以他们非常狂妄、骄横，长驱直入，尤其是从吴起镇迂回的马鸿宾部骑兵团气焰嚣张，前进速度很快。毛泽东等中央领导绝不允许将国民党军部队带到陕甘根据地来，他召开陕甘支队干部会，强调：我们后面的敌人是条讨厌的"尾巴"，一定要把这条尾巴斩断在根据地门外，作为与陕北红军会师的见面礼，不把敌人带进根据地。

战斗计划在 10 月 21 日打响。毛泽东与彭德怀精心部署，决定利用吴起镇一带的有利地形，在塬上深沟设伏，以第三纵队干部团节节阻击，诱敌深入，以第二纵队在左翼，第一纵队在正面，首先消灭马鸿宾部骑兵团，然后突击其余敌军部队。21 日晨，红军各部秘密进入吴起镇以西五里沟的阵地设伏。这里地形险要，是消灭敌人骑兵的理想战场，红军部队在头道川、二道川两侧的山岭和山沟提前埋伏。当国民党军骑兵团进入红军伏击圈后，彭德怀一声令下，轻重机枪一起开火，手榴弹如冰雹一样投入敌人的马群。受惊的马匹四处乱窜，从马背上摔下的敌人哭爹喊娘，乱作一团。红军各部奋勇冲锋，经过数小时激战，击溃国民党军骑兵团。随后转兵向西，又在齐桥、李新庄之间击溃了国民党军另外两个骑兵团，其他各部敌军在红军的凌厉攻势面前吓得不敢贸然前进。

红军干净利索地砍掉了"尾巴"，同时缴获了大批轻重武器和战马。国民党军第六师的山炮、迫击炮、重机枪等重型武器都在这次战斗中丢弃，损失战马、驮马 800 多匹。

此次战斗中，毛泽东亲自在吴起镇西山督战，部署好战斗后，又把具体作战指挥全部交给了彭德怀和各纵队首长处理。他对警卫战士说，要在这里睡会儿觉，战斗结束后再叫醒他。整个战斗中，即使枪声最激烈时毛泽东也未惊醒，照常入睡。战斗结束后，毛泽东一觉醒来，精神抖擞。当看到彭德怀提枪勒马，指挥部队冲锋陷阵，犹如一尊战神，便当场赋诗一首赠予彭德怀：山高路远坑深，大军纵横驰奔。谁敢横刀立马？唯我彭大将军。彭德怀接诗后，挥笔将最后一句改为"唯我英勇红军"。

22

中央红军结束长征及红军长征胜利的标志分别是什么？

胜利到达吴起镇是中央红军结束长征的标志。1935 年 10 月 19 日，中央红军陕甘支队胜利到达陕甘根据地的吴起镇（今吴起县），宣告历时一年，纵横福建、江西、广东、湖南、广西、贵州、云南、四川、西康、甘肃、陕西等 11 个省（依照今天的行政建制没有西康，多了宁夏，仍为 11 个省区），长驱二万五千里的长征胜利结束，从而完成了艰苦卓绝的战略转移任务。红一方面军即中央红军主力长征的胜利，标志着蒋介石企图消灭中共中央和红一方面军狂妄计划的彻底破产，充分显示了共产主义运动无比强大的生命力，证明了中国共产党领导下的人民军队是不可战胜的。中央红军长征的胜利是以毛泽东为核心的党中央正确领导的结果，是广大红军指战员前赴后继、浴血奋战的结果，是北上方针的伟大胜利。

中央红军到达吴起镇胜利结束长征的场景在不少红军指战员的回忆中有生动呈现。老红军成仿吾回忆当时兴奋与激动场面：下午在距离吴起镇约 20 里的一些村庄宿营。傍晚，刚吃过晚饭，司令部命令各纵队都进驻吴起镇及附近村落。大家听到这个命令，莫不十分高兴，因为就要回到红区了。很多人忘记了几天行军的疲劳，像小孩一样，连跑带跳，直往吴起镇跑去。但是当我们进入吴起镇时，群众误认为是匪军又来骚扰，仓皇逃避一空。我们在街上与窑洞内外，到处发现"中国共产党万岁！""拥护刘志丹"的标语，确定这已是陕北红军的地方了。大家兴奋地不约而同地说："我们真的回到自己家了！"于是四处去找群众，半天找到几个老头、老太太，却语言不通，讲什么都说："解不下"，我们的同志误以为群众"害怕"，因为音很相近。战士们首先把街道打扫干净，贴上各种标语，如"北上抗日，收复失地！""与二十五、六、七军会合，一致抗日救国！"不久那些老人又找来了一些群众。很快当地的支部书记与乡政府主席回来了，他们和战士们热情握手，战士们把乡干部围起来，差一点把他们举上天空，口里说着南腔北调，但一张张脸上表现出十分激动的心情，有的人热泪久久挂在脸上。乡干部们很热情地和部队的负责同志研究解决各种需要。第二天早晨，全镇的男女老少都回来了，见了我们一个个笑容满面。

　　红军三大主力在会宁、将台堡的会师，标志着长征的胜利结束。1936年10月10日，红一、红四方面军在甘肃会宁县城文庙前的广场上举行庆祝会师大会。会场上歌声嘹亮，人群欢呼。大会由红四方面军政治部主任李卓然主持，徐向前总指挥、朱德总司令等发表讲话。大会上还宣读了中共中央、中革军委、中华苏维埃中央政府为红军三大主力会合给全军的贺电。10月21日，红二方面军的红六军团模范师到达甘肃、宁夏交界的兴隆镇。22日，红二方面军总指挥部到达距离兴隆镇不远的将台堡（现兴隆镇和将台堡均隶属宁夏回族自治区西吉县），同红一方面军红一军团的第一、第二师胜利会师。两军会师后，红一方面军送给红二方面军大批银圆和物资，以表示欢迎和慰问。红一军团第一师第三团与红六军团模范师，于21日晚上举行了会师联欢大会。

　　以红军三大主力会宁、将台堡会师为标志，历时两年，长达数万里的红军长征，宣告胜利结束。

23

红二十五军的独树镇战斗有什么意义？

独树镇战斗是 1934 年 11 月红二十五军长征途中在河南方城县独树镇经历的一场遭遇战，关系着红二十五军的生死存亡。

当时，红二十五军刚跳出国民党军在桐柏山区的包围圈，准备向河南省西部的伏牛山挺进。国民党军围追堵截，敌第四十军——一五旅进至方城县独树镇、七里岗、砚山铺一带，敌第四十骑兵团也到保安寨，抢在红军部队之前，封锁许昌到南阳的公路。

11 月 26 日，红二十五军由象河西北的王店、土风园、小张庄一带出发，准备穿越许南公路，进入伏牛山。军政委吴焕先率领第二二四团、二二五团和军直属队为前梯队先行，副军长徐海东率第二二三团为后梯队，在王店、赵庄阻击尾追之敌。行军中，遇到寒流，气温骤降，北风刺骨，雨雪交加。红军指战员饥寒交迫，行军艰难。下午 1 时左右，前梯队进至方城县独树镇附近，准备由七里岗通过公路。第二二四团一营三连是全军尖刀连，由于雨雪交加，能见度差，没有及时发现已经设伏的国民党军。枪响之后，三连最初认为遇到的是民团，打算以冲击动作驱散敌人。忽然枪声大作，机枪声，迫击炮声，此起彼伏。马蹄声也由远而近，国民党军骑兵也蜂拥而至。红军落入了敌人主力部队的伏击圈。

面对强敌，红军仓促应战。当时天气寒冷，寒风刺骨，战士们的手指冻僵，拉不开枪栓，加上附近平原地形，无所依托，地形十分不利，红军队伍一时有些混乱，难以抵挡国民党军步兵与骑兵的联合冲击，被迫后撤。敌人乘机发起冲击，并从两翼实施包围，情况十分险恶。在此危急时刻，军政委吴焕先赶到军前，指挥部队就地抵抗。他从交通队员身上抽出一把大刀，高声呼喊："同志们，现在是生死存亡的关头，决不能后退！共产党员跟我来！"带领部队冒着敌人的密集火力，奋不顾身地冲上前去，与敌展开白刃搏斗。就在这时，副军长徐海东带领后卫部队跑步赶到。经过一番恶战，终于打退了敌人的进攻。接着，红军向敌人发起冲锋，以图冲过许南公路，但未能奏效。于是，转入防守，并以反冲击打退敌人的多次进攻。天黑后，全军绕道保安寨以北的沈庄附近，连夜穿过许南公路。第二天拂晓，进入伏牛山东麓。随后，又在拐河打退敌军的尾追、夹击，得以转危为安，胜利前进。

独树镇战斗是红二十五军长征途中一次极为险恶的战斗。在地形平坦和气候恶劣的条件下，遇到突然袭击，能否击退敌人进攻、突出重围，关系到全军的生死存亡。全体指战员在军领导吴焕先、徐海东的带领下，不畏强敌，敢于亮剑，英勇拼搏，最终以顽强的战斗作风和大无畏的革命精神，挫败了敌人的围追堵截，使部队安全进入伏牛山区，赢得了战略转移的主动权。独树镇战斗表明，红二十五军是一支具有坚定战斗意志和顽强战斗精神的队伍，在任何险恶的条件下，都是打不垮、摧不散的，是能够战胜任何强大敌人的。

24

什么是永坪会师和甘孜会师?

永坪会师。1935 年 9 月 15 日,红二十五军经过长征胜利到达延川县永坪镇,是为胜利完成战略大转移到达陕北的第一支红军队伍。永坪镇附近的红军和群众,一大早就从四面八方来到永坪镇的河道上,整齐排列在十多里长的道路两旁,热烈欢迎经过长途跋涉,冲破层层封锁,战胜了无数艰难险阻,终于到达陕北的红二十五军。9 月 16 日,刘志丹率领西北红军到达永坪镇,两军胜利会师。17 日,在中共中央驻北方代表派驻西北代表团的主持下,中共西北工委和中共鄂豫陕省委举行联席会议,决定撤销原西北工委和鄂豫陕省委,组建中共陕甘晋省委,由朱理治任书记,郭洪涛任副书记。会议同时决定,红二十五军与红二十六、红二十七军合编为红十五军团。18 日,为庆祝两军胜利会师,在永坪镇举行了盛大的军民联欢大会。会上,徐海东和各部队、妇女会、赤卫队等的代表先后讲话。

甘孜会师。1936 年 7 月 1 日,红二、红六军团集结到四川省甘孜县城附近,朱德、张国焘、陈昌浩等从炉霍赶来,会见贺龙、任弼时、关向应等。7 月 2 日,红二、红六军团与红四方面军举行了隆重的会师大会。会场上到处张贴着欢迎的标语。红二、红六军团的指战员们见此热烈场面,连续行军的疲劳一扫而光。远在陕北的中央党政军领导人联名发来贺电:我们以无限的热忱,庆祝你们胜利的会合,欢迎你们继续英勇的进军,北出陕甘与红一方面军配合以至会合,在中国的西北建立中国革命的大本营,向着日本帝国主义及其走狗卖国贼开展神圣的民族革命战争。朱德等领导人发表了欢迎讲话。首先祝贺两军会合。指出两军还要前进,前面还有荒无人烟的草地，大家要有充分准备去继续战胜困难。中央去年已带着红一方面军到达陕甘，现在那边已经巩固了，红军也壮大了。大家要与他们会师，开赴前线，共同抗日救国。甘孜会师，壮大了北上抗日的力量，对于制止张国焘的分裂活动，促进红军团结、北上抗日，起到了重要作用。

- **25**

什么是百丈决战？它有什么意义？

红四方面军南下，威胁到了国民党西南重镇成都的安全，给国民党集团极大震动。蒋介石为确保川西平原，紧急集结 80 多个团，在名山县重镇百丈关阻击红军。百丈关位于雅安通往成都的公路上，地势相对开阔，敌军修筑有密集碉堡封锁纵深。1935 年 11 月下旬，敌军在飞机、大炮掩护下轮番向红军发动进攻。红军无险可依，隐蔽困难，广大指战员与优势之敌展开了浴血激战，百丈关一带的水田里、山丘上和沟壑中，都成了红军和敌人短兵相接、进行肉搏的战场。红军战士作战英勇，不怕牺牲，打退敌人一次次进攻，消灭了大量敌人，但终因缺少对付敌机的火炮等重武器，伤亡很大。经过七天七夜血战，红军共击毙击伤敌人 1.5 万人，自己损失近万人，最后寡不敌众，主阵地丢失。红军南下大战无奈被迫结束。

百丈关战役的失利，是一个重要的转折点。南下红军付出了沉重代价，从此就由战略进攻转入战略防御，也由总体上的胜利不断走向挫折。这以后南下红军进入了一个更为苦难的时期。百丈关战役后，国民党军分别从东、南和西南向红军步步进逼。人员的减少，枪弹物资的短缺，地形的限制，使得红军东进、南出都不可能，只能以巩固天全、芦山、宝兴、丹巴所占地区为要务，在这一带构筑防御阵地与优势敌军对峙。但这里人口稀少，物产不丰，又是藏族聚居区，民族隔阂严重，非红军久驻之地。同时，又进入隆冬季节，川西北高原天寒地冻，这对于处于困境中的红军而言更是雪上加霜。粮食、棉衣有限，伤病员不断增多，作战力量日益减少。

鉴于红军在川康边立足越来越困难，张国焘被迫同意朱德、徐向前提出的主动撤离川康边，向康北转移的计划。1936 年 2 月下旬，红四方面军分三路撤离了驻足 100 多天的天全、芦山、宝兴地区，向道孚、炉霍、甘孜进军。

26

到达陕北的红军为什么进行东征、西征作战？

到达陕北后，中共中央和红军当时面临着一些实际困难，一是部队人数少，直罗镇战役后，红军部队发展到 1 万余人，人数偏少，急需人力物力的补充。而陕甘苏区面积狭小，人口稀少，土地贫瘠，经济落后，粮食和工业品缺乏，又受到国民党军的封锁和围困，红一方面军在此长期坚持斗争，给养困难，扩军不易。同时，苏区周围的敌情依然严重，北、西、南三面都遭到国民党及地方军阀部队重兵围困。

在这种情况下，红军要摆脱困境，发展和壮大，向东面的山西发展就成为最为有利的选择。当时统治山西的军阀阎锡山，其军队晋绥军分布在晋绥两省，兵力分散，缺乏同红军作战的经验，特别是他早已同日本帝国主义订立了"共同防共"的密约。红军东渡黄河进入山西，打击阎锡山部，在政治、经济上较为有利。从政治上讲，可以实现直接对日作战，挽救华北危局。同时，可以宣传中共的抗日救国主张，以实际行动支援全国工人、农民、学生、革命知识分子和其他爱国人士的抗日民族统一战线的建立。经济上，山西土地肥沃，人口稠密，物产丰富，对于扩大红军、扩大陕甘苏区，解决红军军费给养十分有利。

1936 年 2 月 20 日，东征战役开始，至 5 月 5 日，红一方面军历时75 天的东征作战，在军事上、政治上都取得了重大胜利。军事上打击了敌人，锻炼了部队作战能力，壮大了红军，筹集了 30 余万元，缓解了红军抗日经费缺乏的困难。政治上，红军以实际行动宣传了中国共产党的抗日救国主张，推动了西北乃至全国抗日民族统一战线工作的开展。

红军西征的目的在于创造和扩大新的陕甘宁边区革命根据地，进而向北打通与苏联、蒙古的联系，向南策应红二方面军和红四方面军北上，为实现红军三大主力的会师创造条件。

根据中央的决定和敌军分布情况，西北军事革命委员会决定，以红一方面军第一、第十五军团、第八十一师、骑兵团组成西方野战军，共 1.3万余人，彭德怀任司令员兼政治委员，进行西征战役，向敌人兵力薄弱的陕甘宁边区进攻，开辟陕甘宁抗日根据地，策应红二、红四方面军北上。1936 年 5 月 14 日，红一方面军在陕北延长县大相寺召开团以上会议，毛泽东做了关于目前形势和任务的报告，总结了东征作战的经验，进行了西征战役的动员。会后，西方野战军各部进行了西征作战的准备工作：对广大指战员进行形势教育，解释西征作战的意义；在部队中进行民族政策教育；组织战场侦察，掌握敌军部署情况，选定了行动路线。

5月19日，西征战役正式开始，至7月下旬，胜利结束。西征战役，沉重打击了坚决反共的宁夏军阀马鸿逵、马鸿宾部，解放了环县、定边、盐池、预旺4座县城，开辟了纵横各200千米的陕甘宁新根据地。这就为迎接红二、红四方面军，实现红军三大主力会师，发展西北抗日的新局面，创造了有利条件。

◎ 延伸阅读

"军中秀才"萧向荣

中央红军长征胜利到达陕北后，中央恢复红军第一方面军番号，下辖第一、第十五两个军团。萧向荣任红一军团政治部秘书长。1936年春节，为增加节日的喜庆气氛，红一军团战士剧社准备排演节目，为部队演出。为了庆祝长征胜利，也为了给战士剧社增加演出节目，萧向荣根据自己长征的亲身经历，参照贾拓夫的记录，写作了一首《长征曲》歌词："中央红军，胜利反攻。出发自江西，十二月长征。历经险山恶水，战胜白军与团匪，冲破了重围。踏遍了十一省，行程二万五千里，大小五百余战，都打垮了敌人。计算起来，溃敌四百一十团，英勇的红色英雄，无坚不摧。终于到达陕北苏区，会合红十五军团，粉碎了三次'围剿'，胜利向前进。"歌词写成后用《春天的快乐》谱曲，由战士剧社的钟云辉等同志演唱，效果好，得到了部队领导及广大战士的称赞，萧向荣也因创作《长征曲》而出名，被誉为"军中秀才"。

27

长征中红军如何解决武器弹药及衣食住行问题？

　　兵马未动，粮草先行。数万红军历时两年纵横十几个省（区、市），广大红军指战员的武器弹药供给及衣食住行问题关乎红军的生存与发展，解决这些问题的难度不亚于行军与作战。中国共产党领导的工农红军发挥集体智慧，依靠群众路线，千方百计解决征途中的武器弹药供应及衣食住行问题。

　　武器弹药。一是从苏区携带的武器弹药。长征前，红军进行了武器弹药和各种军用物资的筹集准备工作。兵工厂和被服厂的工人不断发起"冲锋劳动"，每天自觉做义务劳动 1 至 2 小时，星期天也放弃休息继续上班，昼夜不停地为红军赶制枪支弹药和衣服。通过筹集粮谷和加紧筹集军需用品，中央红军战略转移时粮秣装备得到了比较充分的保障和改善。出发时，所有参加长征人员身边都带有大约可用 10 天至两个星期的给养，主要是粮食和食盐。每个干部战士都发了 1 件崭新的灰色棉大衣、4 颗手榴弹和 2 至 3 双草鞋。每个战士 1 支步枪、1 把刺刀，充足的步枪子弹。二是长征沿途战斗缴获。这是红军长征途中补充武器弹药等装备的主要方式。如 1935 年 8 月的包座战斗中，红四方面军在党中央直接领导下，克服走出草地的疲劳与饥饿，连续作战，英勇突击，取得包座大捷。这次战斗共毙、伤国民党军胡宗南部师长伍诚仁以下 4000 余人，俘敌 800 余人，缴获长短枪 1500 余支，轻机枪 50 余挺，电台一部，以及大批粮食、牦牛和马匹，对经过草地行军的红军是一次重要的装备补充。

　　服装。中央红军从苏区突围前，每人发放一套新军装，彭加伦在长征作品《别》中写道"战士们身上的装备很整齐：衣服都是新的。背包是一律颜色的。每人两个或四个手榴弹挂在胸前。草鞋每人有三双，少的两双。"经过近 3 个月转战，这些衣服多已破损不堪。红军占领遵义后休整半月，红军被服厂加班加点，为每人补充了一两套新军衣，此后行军 9 个月基本未能更换，到达陕北时多数人已是衣衫褴褛。红四方面军从渡过嘉陵江开始长征进入川西北藏区，这里布匹难得，红军指战员就地取材，用羊毛和牛皮自制毛衣、皮衣。红军三大主力会师时，从当时的合影照片中可见各部队人员服装颜色杂乱，唯一统一的标志是头上戴的红五星八角帽。

粮食。长征途中粮食供应，主要靠打土豪，没收土豪的财产，大部分是银圆、粮食、布匹和盐巴。其次向沿途群众购买粮食物资，一般都是公平买卖，给价十足。少数由捐助、欠借农民存粮的方式解决。长征沿途的筹粮筹款成为各部队的一项重大任务。长征中最缺粮食，筹粮工作最艰难的是过草地时期。川西北草原，地广人稀，物产不丰，藏民收获的青稞等勉强可维持当地需要，难以满足部队需求。红军部队在此严格执行民族宗教政策，不允许在少数民族中打土豪，主要是用银圆向土司、寺庙等购买粮食。有时买不到粮食，只能用打借据的方式取用当地居民的粮食，如到藏民麦地里收割成熟的麦子，然后放置借据。毛泽东后来曾说：长征在川西北，我们是欠了藏族、羌族人民的债的。粮食不够时，只能吃草根、野菜、皮带等。长征路上把粮食加工成饭食也不是容易的事，有些地方的群众不明真相，把做饭的锅具，把舂米的石臼等藏匿，使红军无法舂米，无法做饭。有的地方特别是草地中阴晴不定，缺乏柴草，做饭极为困难。

住宿。红军长征途中的宿营多是露营或者借用民居。借宿老百姓的民居时，要求部队严格群众纪律，借老百姓的门板等要及时归还，走时要保证老乡家里缸满院净。在长征路上的很多荒凉偏僻之地，民居难寻，红军只能野外露营，"天为盖、地为铺"成为一种常态。在条件最为艰苦的川西北草地上，天气湿冷，昼夜温差大，往往找不到一块干燥的地面，有时生火取暖，"火烤胸前暖，风吹背后寒"成为草地宿营的写照。阴雨天气无火可生时，许多战士只好坐在背包上背靠背取暖挨到天亮，很多战士因此被冻饿牺牲。

行军。红军长征没有飞机，没有汽车，全程靠两只脚走路，正如《长征组歌》歌词所言"战士双脚走天下，四渡赤水出奇兵"。受伤的红军指战员特别是高级将领往往被担架抬着行军，如过草地时，周恩来患了严重的疾病，高烧不退，被战士们轮流用担架抬着随军行动。红军长征条件艰苦，没有胶鞋，也缺乏布鞋，经济实用的草鞋就成为最好选择。行军主要靠草鞋，每个红军指战员身上都带有两三双草鞋，一路行军一路自己打草鞋。打草鞋成为长征中红军指战员每一天的必修课。草鞋用完时，有时只能光着脚板走路。保护好脚成为长征行军转移的重要工作，每到宿营地，红军炊事班的同志们总是想方设法烧一锅开水，让战士们泡脚消除疲劳。到贵州茅台镇时，红军还用没收的茅台酒擦脚疗伤，恢复行军疲劳。此外，红军长征走过的路也是条件最艰苦的，许多地方根本就没有路，特别是草地行军途中，遍布沼泽，没有树木，没有参照物，红军人数多，经常突降暴雨，冲毁一切痕迹，导致红军战士极容易迷路掉队。一不小心，就陷入沼泽之中，被草地夺去生命。

◎ 延伸阅读

烙有"长征记"的半截皮带

周广才长征时是红四方面军的战士，他参加长征时只有十三四岁，正是青春年少长身体的时候。过草地时，所在连队的干粮、野菜、枪皮带等都被战友们吃完了，最后轮到吃周广才的皮带。他非常珍惜这条在战斗中缴获的牛皮皮带。迫于无奈，让大家分吃这条皮带。皮带被吃了一小截之后，周广才估计就要走出草地了，他痛苦地恳求战友们，不要再吃了，留着做个纪念吧，带着它去见毛主席。就这样，周广才的大半截皮带被留了下来。为缅怀长征中牺牲的战友，牢记那段艰苦卓绝的岁月，在以后的革命和工作生涯中，周广才一直珍藏着这半截皮带，还在上面烙了"长征记"三个字。1975年，周广才将这半条皮带捐赠给中国革命博物馆，即今天的中国国家博物馆。

28

长征途中怎样解决部队减员问题？

长征中由于连续的行军和作战，以及严酷的自然环境，红军因伤病减员严重，如何在长征沿途扩大红军，克服部队减员，保持红军的战斗力，就成为长征中的一项重要工作。

一是争取长征沿途广大贫苦群众加入红军。中央红军在湖南宜章时，进行革命宣传和组织工作，鼓舞教育广大群众，当地有四五百名穷苦青年自愿参加了红军。一渡赤水进入云南扎西后，中央红军在扎西大力开展群众工作，扩大红军3000多人。南渡乌江后，中央红军兵临贵阳逼近昆明。红九军团在进驻云南会泽期间，打土豪，分浮财，当地1000多人参加了红军。中央红军在四川凉山彝族区，红军严明的纪律赢得了沿途各族人民的支持和拥护，各族群众积极参加红军，仅红三军团第十一团就扩兵700多人，其中彝族战士100多人，彝族战士中最终有十几人历经考验，到达陕北。

　　二是争取国民党军及地方军阀部队俘虏加入红军。红军历来重视俘虏工作，长征中的俘虏工作是红军扩大兵员的重要来源之一。刘志坚回忆：遵义战役俘敌 3000 人左右，朱德总司令亲自做俘虏动员工作，经过宣传教育，有 2400 多人报名参加了红军。包座战役中俘虏白军七八百人，经宣传教育，除了返家的，剩余的有 500 多人当了红军。

第二篇
文化艺术

29

长征衍生出丰富多彩的文化艺术表现形式，具体有哪些？

　　红军长征，不仅建树了中国革命史上的巍峨丰碑，同时也构建了中国文化史上的壮丽景观。正如毛泽东同志所说长征是宣言书、宣传队、播种机。红军长征中创造的文化艺术，是无产阶级领导的人民大众反帝反封建的文化，是以马克思主义为思想指导，以中华民族优秀传统文化为根基，充满生机活力的民族的科学的大众的革命文化，是中国先进文化的组成部分，是中国革命文化中光彩夺目的篇章。通过红军长征，工农红军把所代表的无产阶级文化艺术向长征沿线播散，宣传教育了广大民众，唤醒了广大民众。红军长征中创造的丰富多彩的文化艺术，是红军长征历史的见证，是长征精神的生动体现，更是建设长征国家文化公园的核心灵魂。

红军长征的文化艺术包括长征诗词、歌曲、戏剧、舞蹈、音乐、美术、新闻出版等。毛泽东等红军领导人在长征中创作的诗词，如《忆秦娥·娄山关》《七律·长征》等。歌曲如《翻夹金山歌》《打骑兵歌》《两大主力会合歌》等。

戏剧，如活报剧《一只破草鞋》，该剧由红军干部黄镇编写并演出，讲述了红军巧渡金沙江，当国民党军队赶到江边时，什么也没捞到，只捡到红军丢下的一只破草鞋的故事，展现了党和红军指战员的智慧和英勇顽强的精神。

舞蹈方面，红军长征中在重要的节日及会师场合，文艺工作者总会为大家表演舞蹈，活跃气氛。在贵州猴场正赶上元旦迎新年，红色艺术家李伯钊组织同乐晚会，并演唱了江西、福建民歌和苏联歌曲，还跳了海军舞。在懋功会师后举行的干部同乐联欢会上，"火线"剧社的小同志们进行了唱歌和舞蹈表演。李伯钊的海军舞更赢得了大家的掌声。海军舞是当时以苏联《海军舞曲》编成的一个舞蹈，通过拉绳、挑水、洗衣等生活劳动动作，表现红军战士勤劳愉快、自豪向上的情趣。李伯钊曾留学苏联，在中央革命根据地及长征中经常表演此舞蹈。

美术方面，主要是红军在长征沿途绘制的漫画标语，以及红军指战员如黄镇在长征中创造的写实绘画作品。黄镇的系列绘画作品，如《下雪山的喜悦》《草叶代烟》《背干粮过草地》《草地宿营》《深夜行军的老英雄——林伯渠》等，以写实的手法，反映了长征沿线的民风民俗，再现了红军指战员的行军战斗生活。

新闻出版方面，长征时期坚持出版报刊。红一方面军主要有由红军总政治部主办的《红星》报,由中共中央、总政治部主办的《前进》报,红一军团主办的《战士》报。红四方面军出版的报刊主要有《干部必读》《红色战场》《红炉》及《红炉》副刊。红二方面军主要有《前进》《战斗报》等。

30

长征中留下了哪些"长征日记"?

红军长征日记是长征中广大指战员利用行军作战间隙,记录的关于长征途中所见所闻、所思所感的日记,如陈伯钧、童小鹏、伍云甫、张子意、赵镕、吴德峰、萧锋等人都有长征日记流传于世。这些日记真实再现了红军长征途中经历过的重大事件、重要战役、行军路线、红军的政治工作、群众工作,以及指战员紧张艰苦的战斗生活,充满了革命的英雄主义和革命的乐观主义精神。这些日记是长征历史的原始记录,具有重要的史料价值;是长征精神的生动体现,具有重要的人文价值;是长征历史的文化遗存,具有重要的文物价值。其中主要的红军长征日记有——

《陈伯钧日记》记录时间是 1934 年 10 月 18 日至 1935 年 7 月 7 日。陈伯钧长征中担任红五军团参谋长等职。长征中率部为中央红军殿后,有"铁屁股"之称。中央红军与红四方面军会师后,陈伯钧先后改任红四方面军的九军、四军参谋长,红二方面军第六军团军团长。

《童小鹏日记》记录时间是 1934 年 9 月 1 日至 1935 年 10 月 31 日。童小鹏长征中主要担任红一军团政治部、政治保卫局秘书。参加长征时只有 20 岁。童小鹏在 1934 年日记前言中反映他对红军事业的热爱，他写道：“当红军是最光荣的事业。那么，红军中的生活应该是最光荣的历史了。红军是苏维埃的捍卫者，是与一切敌人斗争最前线的战士。的确在她执行任务——消灭一切敌人，捍卫苏维埃的过程中，可以看到光荣伟大的胜利，牺牲奋斗的决心，艰苦耐劳的精神，与亲爱团结的乐融。这一切，如果能丝毫不遗的记载上去，不仅是一本最有价值的战斗史，而且是一幅生动活泼的美丽画。”

《伍云甫日记》记录时间是 1934 年 10 月 8 日到 1936 年 10 月 30 日。伍云甫在中央苏区和长征中，从事和领导无线电通信工作，先后担任无线电总队政委，中央军委第三局副局长、政委，中央军委二局政委，中央军委第二政治处主任。伍云甫的长征日记简明扼要，主要反映了长征中的主要路线及通信保障工作。

《张子意日记》记录时间是 1936 年 7 月 10 日至 12 月 5 日。张子意长征前后先后担任红六军团、红二军团和红二方面军的政治部主任，湘鄂川黔省委委员、中央军委分会委员。其日记主要反映了红二方面军长征的情况。

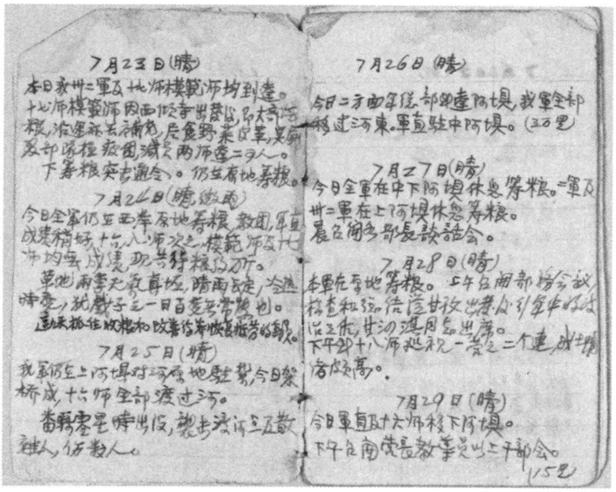
7月23日（晴）
7月25日（晴）
7月26日（晴）
7月27日（晴）
今日全軍在中下阿垻休息筹粮。二軍及卅二軍在上阿垻休息筹粮。
7月28日（晴）
7月29日（晴）

图 2-1　张子意长征日记片段

赵镕的《长征日记》记录时间是 1933 年 12 月 14 日至 1936 年 10 月 24 日。赵镕长征时期先后担任红一方面军总供给部会计科科长，红九军团供给部部长，红四方面军供给学校校长，红三十二军供给部部长。该日记主要反映了作为战略奇兵红九军团长征中的重要历程，特别是后勤保障工作情况。

吴德峰的《第二次长征日记》记录时间是从 1935 年 11 月到 1936 年 12 月，反映的是红二、红六军团的长征。红六军团的老同志将从赣南向湘鄂川黔的战略转移称为第一次长征，将从湘鄂川黔向陕北转移的长征称为第二次长征。吴德峰长征时期担任红二军团政治保卫分局局长兼湘鄂川黔省革命委员会主席团成员、肃反委员会主席。

萧锋的《长征日记》记录时间从 1934 年 10 月至 1936 年 11 月。萧锋在红军长征时期先后担任红一军团第一师第三团总支书记、政治委员，红一军团直属队总支书记等职。萧锋长征中的日记主要是用当时的土草纸和五颜六色的包装纸写的，到延安后，萧锋多次用笔记本对长征日记和其他日记进行重新誊抄、补充和修改。

31

长征途中留下了哪些宝贵摄影作品？

由于技术条件的限制，加上长征时期戎马倥偬的战斗行军环境，留下的摄影照片作品不多，红一、红四方面军在长征途中几乎没有留下一张照片。红二、红六军团在长征途中攻克湖南新化和贵州的黔西、大定、毕节等县城后，拍了一些照片。红二十五军攻克甘肃两当县城后，请当地照相馆的师傅为军部领导人照了几张相，并请照相师随军北上，在途中和到延川县永坪镇后拍了一些照片。留存至今的主要是当时红军指战员之间以及和沿途群众的一些合影作品。这些历经沧桑的黑白摄影图片是长征的真实生动记录，具有弥足宝贵的史料价值。

图 2-2　1935 年 8 月，红二十五军政治委员吴焕先（左）与副军长徐海东（右）在甘肃省两当县城合影。

图 2-3　1935 年 8 月，红二十五军部分人员合影（前排左起：吴焕先、郭述申、徐海东）

图 2-4　红二十五军 7 名女红军（人称"七仙女"）与其他指战员一起渡渭河

图 2-5　1935 年 9 月，红二十五军与红二十六、
红二十七军在陕甘苏区延川县永坪镇会师，成立了
红十五军团。图为会师的情景

图 2-6　1936 年 2 月，红六军团政委王震（前排左 1）
在贵州省与苗族群众合影

图 2-7　红二、红六军团部分干部在长征途中于贵州省
大定县城合影

图 2-8　红一、红二、红四方面军团以上干部于 1936
年在甘肃省宫和镇合影

32

黄镇创作的《长征画集》主要内容是什么？

《长征画集》是黄镇在长征中根据沿途所见创作的系列写实绘画作品集。黄镇（1909—1989），安徽桐城人，自幼喜爱艺术。20 世纪 20 年代，青年时期的黄镇受五四运动之后进步思潮的影响，于 1925 年离开家乡到上海高等美术学校读书。毕业后从事艺术教育，在中学做美术教员，之后参加革命，1931 年 12 月在江西参加了著名的宁都暴动，随同起义的第二十六路军参加了中国工农红军，随后参加了长征。

《长征画集》收录的绘画作品是当年黄镇在长征途中创作的。在黄镇亲身经历的这场史无前例的伟大远征中，触发了画家的创作激情。当时作画的条件非常艰苦，一块完整的较好的纸张都不容易找到。黄镇在沿途不管是什么纸张，拿到什么就画起来。当时完成的画稿在以后频繁的战争岁月多半都丢失了，当前我们看到的《长征画集》收录的只是其中的一部分。

《长征画集》收录的长征绘画作品共有 24 幅，分别是：《林伯渠同志——夜行军中的老英雄》《过湘江》《遵义大捷》《贵州苗家女》《川滇边干人之家》《贵州、四川的干人儿：背盐人》《彝族向导》《红军彝族游击队》《安顺场》《泸定桥》《炮铜岗之夜》《翻夹金山》《下雪山的喜悦》《在藏族的村寨里》《三种锅》《牦牛》《草叶代烟》《磨青稞》《烤饼》《背干粮过草地》《草地宿营》《草地行军》《董振堂同志》《到了岷县哈达铺》。这 20 多幅画生动反映了红军战士们的革命乐观主义精神，记录下了红军路过的少数民族地区风光和穷人苦难生活，是伟大长征的片段记录，是真实的革命史料，也是珍贵的艺术品。

　　黄镇对《长征画集》的内容及表达的情感有真切描述，他在后来的回忆中写道："我画画，是生活的纪实，是情感的表达，从来未曾想过辑集出版。在长征艰苦的行程中，许多难忘的场面，动人的事迹，英雄的壮举，我仅仅做了一点勾画，留下一点笔迹墨痕。在漫漫征途中，看到什么就画什么，是真实生活的速写。林伯渠老人的马灯一直在长征路上闪亮，我画下了这位革命老英雄的形象。红军经过川滇边界的时候，一家干人（穷人）走进了我的画面，那十五六岁女孩赤身裸体的悲惨景象，那老父眼泪滚滚的哀伤感情，深深触动了我，于是，我画下了永远忘不掉的事实；我亲临了飞夺泸定桥的场面，大渡河的汹涌，十三根铁索的险峻和二十二名勇士身上燃起的烈火，使我不能不留下历史的画面；还有青藏高原上深山老林的夜宿也是很难忘记的。那种砭人肌骨的寒冷，战士们深夜的谈话，古老森林里不可捉摸的声音，都使我要画下这种气氛；还有草地宿营的篝火，行军的行列，都会自动走到我的笔下来。我走一路，画一路，有时画在纸上，有时画在门板上。也有时画在石壁上。"

◎ 延伸阅读

《川滇边干人之家》

　　黄镇在这幅画的空白处写了不少文字，反映了这幅画的创作情况及主要内容：永远忘不掉的事实！三月的天气，要是晴天，云南地方已经相当热了。但是，接连几天毛毛雨，还有几分寒气哩。这一天还是小雨不断地下着，部队在一个村子里休息。我们跑进一家屋里，不由得吓了一跳。原来一家四口，一个中年妇女，衣服破得下身都不能遮盖了，还有个十五六岁的女孩子，赤身裸体靠在她老父亲的背后，难道他们不感觉害羞吗？什么害羞，她们一天连一顿饭还难哩！老汉今年六十五岁，身上穿着一件破烂的单衣，坐在地下一块狗皮上，旁边烧着一堆火，唉声叹气，向我们说

图 2-9　《长征画集》之《川滇边干人之家》

了许多苦处，他的深凹的老眼里流泪了。我们许多同志都很好地安慰了他
一顿，并送给他们一些绸子和布。他开始不肯要，经过我们再三解释，他
才高兴地收下。

33

长征主题的代表性绘画及雕塑作品有哪些？

油画《过雪山》　吴作人的这幅作品色调冷中带暖，构图巧妙，描
绘一支红军队伍过雪山的场景，展现出红军朝气蓬勃的面貌和坚韧不拔的
精神。

油画《红军过草地》 张文
源亲身体验当年红军在四川省内
爬雪山、过草地的艰辛。1977 年
完成了反映长征的力作《红军过
草地》，入选建军 50 周年全国美
展，并被中国人民革命军事博物
馆收藏。

油画《遵义会议》 沈尧
伊是中国当代知名艺术家，是一
位忠诚、坚定的"红色"革命主
旋律画家。油画《遵义会议》是
他众多长征题材绘画作品中的代
表。在创作《遵义会议》这幅油

图 2-10 吴作人 《过雪山》 280cm×200cm
1951 年 中国国家博物馆藏

图 2-11 张文源 《红军过草地》 160cm×300cm 1977 年 中国人民革命
军事博物馆藏

图 2-12 沈尧伊 《遵义会议》 300cm×600cm 2006 年 中国国家博物馆藏

画作品时，他多次实地探究、访问，对人物形象、性格气质、会议环境等都进行详细探索和考证。画面构图取景主要以中西合璧的小木楼、参会的主要人物为元素。基于艺术性、思想性、叙事性相统一的创作思想，以写实的手法生动传神地刻画了党和红军的领导人，准确而深刻地把握住了 20 位人物的不同境遇与性格，每个人物都形神兼备、栩栩如生。如画面中充分表现出了毛泽东对革命的自信与坚毅神情，周恩来的沉稳与期待，朱德的磊落与赤诚，博古的苦苦思索，李德的无可奈何靠边站等。

长征胜利以来，在长征沿线建造的数百座雕塑，以及各地纪念场馆里展陈的数量可观的长征主题雕塑，生动记录与

图 2-13 潘鹤 《艰苦岁月》 铜铸雕塑
69cm×72cm×56cm 1956 年 中国国家博物馆藏

还原了波澜壮阔的长征历史，同时也以公共艺术的形式建构和传播着博大
精深的长征文化，弘扬着伟大的长征精神。

雕塑《艰苦岁月》 尽管当初此雕塑并非潘鹤为长征创作的，但其
以诗意的场景——在艰苦的岁月里，老战士仍然在吹奏笛子，嘴角微笑，
小战士托腮倾听，对未来充满美好憧憬——外表虽衣衫褴褛，内心却精神
抖擞，真实再现了战争年代红军战士的形象，流露出他们对革命胜利的信
念和革命乐观主义精神。正因为如此，2016 年 10 月，这件作品依旧作为
长征题材代表作品之一，展出在中国美术馆"纪念中国工农红军长征胜利
80 周年美术作品展"上。

叶宗陶等于 1982 年创作的《中国工农红军强渡大渡河纪念碑》，以
普通红军战士的局部头像作为碑体的主体，个体形象特征突出，展现了普
通战士在革命战争中的重要作用，体现了革命英雄主义精神。作品现位于
四川省石棉县安顺场大渡河渡口处。

雕塑家叶毓山从 20 世纪 70 年代开始创作了 10 余座（组）长征主题
雕塑：如广西兴安县的《红军突破湘江纪念碑》、贵州遵义市的《红军

图 2-14　叶宗陶、许宝忠、高彪　《中国工农红军强渡大渡河纪念碑》
626cm×320cm×370cm　1982 年

烈士纪念碑》、四川泸定县的《红军飞夺泸定桥纪念碑》、四川松潘县的《红军长征纪念碑碑园》等。叶毓山长征主题雕塑将长征精神融入雕塑创作，凭借刚劲雄强的造型语言生动表达了崇高、永恒的长征精神。

图 2-15　叶毓山　《红军烈士纪念碑》　花岗石　3000cm（碑高）　1985 年

34

长征期间，毛泽东创作了哪些诗歌作品？

长征期间，毛泽东在戎马倥偬之际，创作了不少脍炙人口的经典诗篇，主要有《十六字令三首》《忆秦娥·娄山关》《七律·长征》《念奴娇·昆仑》《清平乐·六盘山》《六言诗·给彭德怀同志》等。

通道转兵之后，中央红军向黔北进军，建立川黔边根据地，毛泽东在进军途中，望着贵州连绵的山岭，作《十六字令三首》——

山，快马加鞭未下鞍。惊回首，离天三尺三。山，倒海翻江卷巨澜。奔腾急，万马战犹酣。山，刺破青天锷未残。天欲堕，赖以拄其间。

该诗体现了湘江战役之后红军面临的紧张局面，同时又把红军将士饱满的战斗激情和坚韧的革命意志表现了出来。

红军二渡赤水，回师黔北，先后攻占桐梓、娄山关、遵义，歼敌两个师 8 个团，取得了长征以来的最大胜利，打击了国民党军的气焰，鼓舞了红军士气。毛泽东在此期间创作《忆秦娥·娄山关》——

西风烈，长空雁叫霜晨月。霜晨月，马蹄声碎，喇叭声咽。雄关漫道真如铁，而今迈步从头越。从头越，苍山如海，残阳如血。

诗作气势恢宏，道出了毛泽东对中国革命道路的冷静思索，预示着党和红军历经艰难曲折、跨过生死攸关的伟大转折之后，即将踏上新的征程。

1935 年 9 月 27 日，红军到达甘肃通渭榜罗镇，中央召开政治局常委会议正式决定把红军长征的落脚点放在陕北，巩固和发展陕北革命根据地。次日，毛泽东在通渭县城东文庙街小学召开的干部会议上，朗读了翻越岷山后酝酿成型的经典诗篇《七律·长征》——

红军不怕远征难，万水千山只等闲。五岭逶迤腾细浪，乌蒙磅礴走泥丸。金沙水拍云崖暖，大渡桥横铁索寒。更喜岷山千里雪，三军过后尽开颜。

毛泽东高度凝练、生动形象地把长征经过的万水千山串联起来，回顾了长征的艰难历程，歌颂了红军长征的伟大壮举。

在即将到达陕北，翻越岷山之际，毛泽东又作了《念奴娇·昆仑》——

横空出世，莽昆仑，阅尽人间春色。飞起玉龙三百万，搅得周天寒彻。夏日消溶，江河横溢，人或为鱼鳖。千秋功罪，谁人曾与评说？而今我谓昆仑：不要这高，不要这多雪。安得倚天抽宝剑，把汝裁为三截？一截遗欧，一截赠美，一截还东国。太平世界，环球同此凉热。

这首诗想象丰富、寓意深刻，毛泽东以无产阶级革命家的博大胸怀，借助昆仑山高大雄奇的形象，表达了改造旧世界、埋葬帝国主义、实现共产主义的革命理想。

《清平乐·六盘山》是 1935 年 10 月，中央红军陕甘支队长征中翻越甘陕交界地带的六盘山时毛泽东创作的诗作——

天高云淡，望断南飞雁。不到长城非好汉，屈指行程二万。六盘山上高峰，红旗漫卷西风。今日长缨在手，何时缚住苍龙？

该诗词生动表现了毛泽东领导的红军彻底打垮国民党军的坚定决心，抒发了将革命进行到底的豪情壮志。

35

长征沿线群众怀念红军的经典诗歌有哪些？

江西赣东北民歌《日夜北望盼红军》表达了苏区民众对红军离开的恋恋不舍和无限怀念："自从红军一北上，穷人日夜向北望，盼望革命早成功，扛着红旗回家乡。盼过太阳盼星星，总是没见红军来，眼泪流如水下滩，流得枕头起青苔。"

闽西人民的《千里北上去抗日》反映了闽西苏区群众欢送红军长征出发的场景："红字笠麻白面巾，送给哥哥当红军；千里北上去抗日，一心革命救人民。"

红军长征过桂北时，广大红军指战员以铁的纪律践行民族政策，尊重少数民族风俗，关心他们的疾苦，得到了各族同胞的拥护。红军过后，才喜界一带的瑶族群众为感念红军的恩情，于 1935 年 2 月（即农历乙亥正月），取黄家寨、孟山、矮岭三个瑶族大寨子的第一个字，化名"黄孟矮"，合写了一首五言诗《朱毛过瑶山》，将其镌刻在才喜界西面路边的石壁上：
"朱毛过瑶山，官恨吾心欢；甲戌孟冬月，瑶胞把家还。 黄孟矮 乙亥正
月 时遇恩人朱德毛泽东周恩来彭德怀。"

　　侗族青年杨和钧为贵州锦屏县启蒙镇者蒙村人，1934 年冬，中央红
军长征经过启蒙，在此宣传革命真理，主张民族平等，打富济贫。杨和钧
深受教育，作《板壁上的指南》一诗，表达对红军宣传的革命主张的认同：
"赶场天或是平常，寨上的农民或是行人来往，人人的目光都投向板壁上。
因为板壁上有农民的指南，这指南是红军留下的宣传标语，它召唤穷苦农
民站起来，打倒土豪劣绅，分田地夺政权，扛起枪，把东洋鬼子赶下海洋。"

　　陕北民歌《一杆红旗空中飘》，以陕北民歌特有的风格，反映了陕
北群众对红二十五军长征胜利到达陕北的喜悦之情： "一杆红旗空中飘，
二十五军上来了。一对对喇叭一对对号，一对对红旗空中飘。长枪、短枪、
马拐枪，一枪枪打死那些国民党。山羊、绵羊、五花羊，哥哥随了共产党。
羊肚子毛巾三道道蓝，哥哥跟的是刘志丹。头号盒子红绳绳，跟上我的哥
哥闹革命。军号吹的滴滴答，哥听妹妹一句话：红豆豆角角熬南瓜，革命
成功再回家。"

- 36

关于长征的经典民间故事有哪些?

　　红军长征途中，留下了许多经典的民间故事，有的反映红军纪律严明、

军民鱼水情的，如"营盘山上橘子红""萝卜坑里出铜元""一张买猪条的故事"等；有的反映广大红军战士坚决跟党走、坚定理想信念，如长征出发地的"生命等高线"、长征路上的"七仙女"等。

一是"营盘山上橘子红"的故事。时任中央红军先遣工作团团长的罗通回忆道，从古蔺向威信前进的红军中央纵队，到达永宁府（叙永）时，已经两天没吃一顿饱饭了。红军一部分部队包围着城内的敌人，主力向营盘山开去。来到山下，抬头一看，满山是一片黄澄澄的橘子。在没有了解橘林归属的情况下，饥渴难耐的红军战士严格遵守群众纪律，没有一个战士动手去摘树上的橘子。结合照看橘子林的老人衣衫褴褛，支支吾吾惊惶不安的神态，红军判断这片橘林不是他的，应是地主老财的。红军先遣队工作团返回村子去详细调查，最终确定橘子林是占有永宁府一半土地的大土豪"张老爷"的。于是，红军向看林的老大爷说明要没收这橘林，而且说明同他没有关系，然后找来一块木板，在木板上写着："这橘林是土豪的，现没收。各部队路过这里时，应有组织地在指定地区采摘——中国工农红军总部先遣工作团。"看林的老大爷看到这块木板，惊慌与为难的神色消失了。于是红军在老大爷的协助下，把整个橘林划分成几个区域，并单独划出一块留给当地群众。分配完毕，又向老人重申红军是穷人的队伍，并告诉他如何去通知邻近的穷苦人来摘橘子。

二是"生命等高线"的故事。现在的福建省长汀县中复村中有一座客家廊桥，廊桥柱子上一道离地约 1.5 米高的刻线清晰可见。这座桥被当地群众称为"红军桥"，是当年红军在中复村的征兵处。当年红军使用的是 1.5 米长的汉阳造步枪，要背着步枪行军打仗，所以身高超过 1.5 米的年轻人才能扛枪参军。最早的时候，这条线是用笔临时画一下。很多人年级小、身高不够，又都想参加红军，就想方设法偷偷将线改低一些，后来领导知道了，才改用刀刻。之后年轻人就想法子昂头、踮脚、撑高，争先当红军。

中复村的钟根基和同村的 17 位热血青年，一同报名参加红军，进行长征。他们知道此行生死未卜，出发前跪地起誓：谁活着回来，谁就要为他们的父母尽孝，在残酷的革命征途中，最后只剩下钟根基一人活着。长征路上，每一里路都有牺牲的红军，支撑他们前赴后继的就是理想信念。正如许多老红军、老战士所说的："共产党、红军来了，我们有了活路、有了活的希望。我们跟着共产党有出路！"

37

长征路上的体育运动有哪些？

在长征期间，朱德、贺龙等体育爱好者带领红军指战员利用驻地休整的宝贵时间，开展了各种体育运动，如遵义打篮球、草地烧牛粪比赛、哈达铺运动会等，密切了军民关系，丰富了部队文化生活。

遵义篮球比赛发生在遵义会议召开前夕。1935 年 1 月 12 日下午，在贵州遵义的省立第三中学操场上召开群众大会，朱德等红军领导人与当地群众先后发言。会后，朱德参加了红军篮球队和三中学生篮球队的友谊比赛。红军干部团工作的何涤宙在其《遵义日记》中对这次篮球比赛有生动描绘，"大会结束，台上宣布遵义学生与红军比赛篮球，并传知要我出席参加比赛，好久没有摸球，手原有些发痒。大会一散，篮球场已挤满看客，穿着高领细袖裹身长衫的遵义学生队已一条一条如鱼一般地在场上往来练球。自然双方都是一时之选，初次比赛，谁也不肯示弱，我们还是以前在中央苏区打熟的一队，球艺彼此都知道，传球联络，素称不差，银笛一声，双方开始正式比赛。红军打仗是百战百胜，打得学生队只有招架之功，没有回手之力。"

哈达铺运动会发生在 1936 年 9 月。当时，红二方面军通过腊子口进驻哈达铺，总指挥贺龙就住在哈达铺下街的一处民居。在此休整期间，红二方面军开展了形式多样的体育活动。项目有跳高跳远、长短跑等田径运动，运球、传球、抢断球等球类运动，还有一些山地越野运动。运动器材几乎没有，都靠红军指战员自己动手解决，条件极为简陋。篮球是打着补丁的篮球，场子上也没有篮球架。没有铁质单杠，就用木棍代替。

红四方面军长征进入甘孜地区后，在朱德的领导下，红军赶在 1936 年 5 月 1 日前在高寒的草地修建了简易运动场，他们决定用运动会的形式为过草地进行动员。五一运动会项目丰富，有篮球、跳高、跳远、短跑、投弹、骑兵表演等，其中最特别的项目是烧牛粪比赛。在茫茫水草地上，物资极度缺乏，就连烧水做饭的燃料都只能就地取材用牛马粪。根据这一实际情况，朱德总司令提议将烧牛粪作为比赛项目。比赛获胜的条件简单，就是看谁能在最短时间把牛粪点着烧旺。随着裁判信号枪打响，参赛者们划着了火柴，草地运动场上青烟四起，一堆堆牛粪越烧越旺，旁观者助威喝彩，一片热闹景象。

38

民歌《十送红军》是怎么产生并流传的？

以江西民歌曲调为基础创作的《十送红军》歌曲，如泣如诉，真实地再现了当年红军告别苏区踏上长征的动人场景，被誉为"中华民族前所未有的悲壮别曲"。

这首脍炙人口的《十送红军》歌曲最初产生于土地革命战争时期。在江西当地，每当红军将士出征打仗，各个村子的百姓会经常自发地到村头、河边、大道旁送别红军，有时一边送一边唱，祝福他们一路平安，胜利归来。有许多表现老百姓和红军惜别之情的民歌在当地流传，这些歌曲不仅数量多，而且民间特色浓厚，美妙动听，这些民歌便是后来《十送红军》歌曲的雏形，《十送红军》正是在当年这些歌唱老百姓与红军惜别之情的民歌基础上改编而成的。《十送红军》表现了革命战争宏大而又逼真的历史画面，歌词来源于川陕湘鄂，而曲子又具有浓厚的江西韵味，所以长期以来它被认为是当年根据地老百姓送红军踏上长征路时流传下来的民歌。实际上，这首《十送红军》是新中国成立后创作的一首音乐作品。1960 年，词作家张士燮编创了一首《十送红军》歌词交给了作曲家朱正本。朱正本被歌词里面的内容深深打动，想起当年江西老百姓送别红军的歌曲。以这些歌曲为基础，为《十送红军》谱曲。悲歌送壮士，挥泪送红军。《十送红军》歌词中夹杂着不少江西地方色彩的俚语、方言，如"里格"在赣方言里表示"这个""这"。"介支个"在赣方言里表示"这里"。歌词情真意切，意境哀婉动人，富有浓郁的地方特色，饱含深情地表达了红军与老百姓依依惜别的血肉深情。

◎ **延伸阅读**

《十送红军》

一送（里格）红军，（介支个）下了山，秋风（里格）细雨，（介支个）缠绵绵。山上（里格）野鹿，声声哀号，树树（里格）梧桐，叶呀叶落完，问一声亲人，红军啊，几时（里格）人马，（介支个）再回山。

三送（里格）红军，（介支个）到拿山，山上（里格）包谷，（介支个）金灿灿，包谷种子（介支个）红军种，包谷棒棒，咱们穷人搬，紧紧拉住红军手，红军啊，撒下的种子，（介支个）红了天。

五送（里格）红军，（介支个）过了坡，鸿雁（里格）阵阵，（介支个）空中过。鸿雁（里格）能够，捎书信，鸿雁（里格）飞到，天涯与海角，千言万语嘱咐，红军啊，捎书（里格）多把，（介支个）革命说。

七送（里格）红军，（介支个）五斗江，江上（里格）船儿，（介支个）穿梭忙。千军万马（介支个）江畔站，十万百姓泪汪汪，恩情似海不能忘，红军啊，革命成功，（介支个）早归乡。

九送红军，上大道。锣儿无声鼓不敲，鼓不敲。双双（里格）拉着长茧的手，心象（里格）黄连，脸在笑。血肉之情怎能忘，红军啊，盼望（里格）早日，（介支个）传捷报。

十送（里格）红军，（介支个）望月亭，望月（里格）亭上，（介支个）搭高台。台高（里格）十丈，白玉柱，雕龙（里格）画凤，放呀放光彩，朝也盼来晚也想，红军啊，这台（里格）名叫（介支个）望红台。

- 39

长征标语文告有哪些形式和内容？

红军长征是宣传队，是一次唤醒民众的伟大远征，红军在长征各地利用行军战斗之余书写、镌刻、张贴了形式多样的标语文告。

长征标语口号种类繁多，从制作方法上来看，主要有印刷、手写、木刻、石刻四大种类。印刷标语主要是油印或石印，以比较长的文告为主。如红四方面军长征经过四川江油县油印的《江油县第一次工农兵代表大会宣言》、传单"田颂尧火烧王渡苍溪几千家穷人房屋，打倒杀人放火的田颂尧！"。红二十五军长征经过泌阳围寨时油印的传单"老乡老乡，不要惊慌。红军所向，抗日北上。借路通过，不进村庄。奉劝乡亲，勿加阻挡"。石刻标语主要分布在四川地区，如剑阁县普安镇的"中国共产党十大政纲"。红军在平武县留下的红军石刻标语有"共产党是工农穷人的唯一政党！""打倒国民狗党！"

从标语文告载体上看，就地取材，材质多样。有的是把标语文告写在各种颜色的纸上进行张贴悬挂。由于缺墨少纸，红军标语文告更多是就地取材。临河地域，红军把标语口号写在本板、竹片上，投入河中，被称为水电报。丛林中，红军在树叶上、树干上写成标语口号。在草地上，红军用各种颜色的小石块把巨幅标语镶嵌在绿草地上。长征沿途村庄的院墙、住房、城门、门柱、神庙、祠堂、牌坊上，凡是宿营地及休息的地方，红军都会写满标语。

从标语语言风格看，有童谣体、律诗体、简短的日常用语，还有字画结合的标语。在贵州、四川各地留下的童谣体标语，如"红军到，干人笑，绅粮叫；白军到，干人叫，绅粮笑。要使干人天天笑，白军不到红军到。"
形象生动，通俗易懂。古诗体标语如红军在四川冕宁以朱德名义发布的《中
国工农红军布告》："中国工农红军，解放弱小民族；一切彝汉平等，都
是兄弟骨肉……"即采用六言诗的形式，整齐押韵。字画结合的标语是把
文字和绘画结合的标语形式，如在遵义市播州区发现有一幅字画结合标语，
图画是一个红军战士站在山头上，高举一面红旗，文字穿插其中，内容是
把红军运动战的特长发挥出来。

　　从标语的文字种类看，在汉族地区主要使用汉文，在少数民族地区，
也有用藏文、阿拉伯文，或用汉文和藏文、阿拉伯文等合写的标语。如红
军用阿拉伯文、汉文在四川马尔康县卓克基镇西索村的石坡上刻写的"胡
宗南是帝国主义的走狗""胡宗南是出卖西北回民老家的贼"。

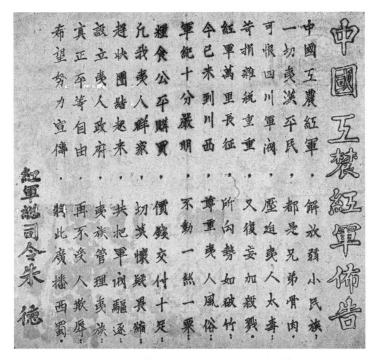

图 2-16　朱德署名的《中国工农红军布告》

40

长征路上的动人歌谣有哪些？

　　红军长征中，在紧张的行军战斗间，红军文艺工作者创作了许多红军歌曲，这些歌曲内容广泛，曲调高昂，歌唱工农解放、军队纪律、战斗胜利等，成为长征中活跃气氛、鼓舞士气的精彩乐章。

　　那帝国主义者，那国民党军阀，那豪绅地主官僚政客，都是剥削者。他屠杀我工农，剥削我穷人。若不打倒他，那痛苦受不尽。来来来来来来，用革命战争，用战争解放工农救穷人。看统治阶级经济恐慌，日趋崩溃矛盾。要加紧用战争为着工农解放，要牺牲。看工农群众失业，破产饥寒交迫正在。要革命用战争，为着中华民族解放，要牺牲。　——《工农解放歌》

　　战士们，高举着鲜红的旗帜奋勇向前进，配合那全国红军，要实行总的反攻，创造新的革命根据地，大家要努力。　　　——《胜利反攻歌》

　　敌人的骑兵不须怕，沉着敏捷来打它。目标又大又好打，排子枪快易射杀。我们瞄准它，我们打坍它，我们消灭它，我们是无敌的红军。打坍了蒋贼百万兵，努力再学习打骑兵，我们百战要百胜。——《打骑兵歌》

　　两大主力军，邛崃山脉胜利会合了。欢迎红四方面军，百战百胜英勇弟兄。团结中国革命运动的中心力量唉，团结中国革命运动中心的力量，坚决争取大胜利。万余里长征，经历八省险阻与山河。铁的意志，血的牺牲，换来伟大的会合。为着奠定中国革命巩固的基础唉，为着奠定中国革命巩固的基础，高举红旗向前进。　　　　　——《两大主力会合歌》

　　红色的战士，呱呱叫，万里长征不辞劳，艰苦来奋斗，吁嘟哎嘟哎嘟吁，艰苦来奋斗。天险的金沙江，大渡河，雪山草地粮食少，一齐战胜了，吁嘟哎嘟哎嘟吁，一起战胜了。

——《战斗鼓动曲》

英勇的红色指战员们，百倍紧张起来呵。提高红军铁的纪律，保障战争的胜利。军纪、风纪、战场纪律，平时好坏，关系战时胜利。一桩一件，一时一刻，严格遵守，莫忘记。英勇的红色指战员们，百倍紧张起来呵。提高红军铁的纪律，保障战争的胜利。上级命令，解决执行。毫不动摇，毫不犹疑。不打折扣，不讲价钱，彻底执行，要努力。英勇的红色指战员们，百倍紧张起来呵。提高红军铁的纪律，保障战争的胜利。遵守时间，动作迅速。整齐清洁，爱护武器。注意礼节，积极努力。松懈散漫，要反对。

——《提高红军纪律歌》

陕北的革命运动大发展，创造了十几县广大的红区。陕北的革命运动大发展，成立了十几万赤色的军队。迅速北进，会合红军二十五、二十六军，消灭敌人，争取群众，巩固发展陕北红区，建立根据地。迅速北进，会合红军二十五、二十六军，消灭敌人，争取群众，高举抗日鲜红旗帜，插到全国去。

——《到陕北去》

41

长征中红军创作了哪些经典舞台剧?

红军长征中注重用戏剧的形式进行宣传教育，寓教于乐。长征到达遵义时，戏剧演出十分活跃，除红军自己演出外，红军艺术家李伯钊等还具体指导当地青年知识分子的组织"红军之友社"排演戏剧，还成立"工农剧社"。红二、红六军团进入黔西北后，在黔西、大定、毕节各地演出多场戏剧。

《打倒王家烈》是揭露贵州军阀王家烈对贵州人民的残酷剥削和压迫的一出活报剧，是根据桐梓县当时的真实情况编写的。剧情是：第一场，土豪劣绅压迫穷人，穷人像牛马一样生活，敢怒不敢言；第二场，红军来了，土豪劣绅逃进山洞，穷人欢呼，带领红军攻洞，攻克后，抓住了土豪劣绅；第三场，红军与穷人一块斗争土豪劣绅，先是穷人控诉，后是红军演讲，最后一齐喊口号。

《红军来了》的剧情主要是讲一家穷人五口，两夫妻加三个年轻儿女，穷得没法活下去。一会地主来逼租，抢走小女儿当丫头；一会债主来讨债，抢走小儿子去抵债；一会保董来催税，抓走了大儿子去当差。夫妻两口又气又饿，拿出两根绳子正准备上吊，这时，枪声大作，红军来了。红军及时说服夫妻二人，又扛来粮食，还把他们儿女送回，夫妻十分感动，把大儿子送到红军部队参加红军。

《夫妻争当红军》这场活报剧在红军进驻土城时，由干部休养连的同志们上演。剧情是：一名红军在宣传参加红军的好处，一青年来报名参军，此时，一妇女也赶来了，青年农民一看是自己老婆，问她来干啥，女的说红军中有女兵，她也要参加红军，夫妻二人于是都成了光荣的红军。

《当红军去》是 1936 年 2 月红二、红六军团长征在毕节时经常演出的一幕短剧，非常受穷人和新兵欢迎。全剧分四场。主要人物两个，一个是年轻的财主，一个是年轻的雇农。第一场表现财主对雇农的欺压和毒打，雇农受不了，一摔饭碗说："当工人去！"第二场，雇农变成了年轻工人，为了生活，到店里去当学徒，可老板一出来，恰是原来的东家老财，工人当不成，反受财主一顿奚落，工人气愤说："老子吃粮去！"第三场，工人当了国民党新兵，正在营门口站岗，此时，一位军官出来了，这个新兵向军官敬礼，军官不分青红皂白，上前打了这个新兵两个耳光，新兵一看，这个军官原来是财主东家。此时，枪声大作，群众喊："红军来了！"军官夹着尾巴逃跑了，这个国民党新兵觉醒了，大喊："当红军去！"第四场反映的是红军老同志欢迎入伍的新兵。

《一只破草鞋》是由黄镇编导的最受红军欢迎的活报剧。该剧反映了中央红军巧渡金沙江摆脱敌人围追堵截的历史场景。剧情是：幕启时，宋美龄正在弹钢琴，嘴里哼着曲子，接着是蒋介石上场，他对宋讲了些前方的战况后又叫来了参谋长商议。蒋介石大骂贵州军阀王家烈无能，于是叫来薛岳和吴奇伟，命令他们率部追赶红军。薛、吴二人遵命退下。稍倾，传来阵阵枪炮声，接着是薛岳打来电话，报告追剿红军进展顺利，蒋介石听了大喜。不久又来了电话，说红军用迂回战术，四渡赤水河，巧渡金沙江。正当蒋介石又气又急的时候，只见薛、吴二人各提几只破草鞋垂头丧气地回来了："报告委员长，红军诡计多端，时出时没，我们什么也没有捞到，只捡了几只破草鞋！"短剧到此结束。

42

被称为"赤色明星"的女红军是谁？

李伯钊，1911 年生，四川重庆人，戏剧家。她 1926 年赴苏联莫斯科中山大学学习，1931 年入党。江西苏区时期，李伯钊曾担任高尔基戏剧学校校长、中华苏维埃共和国临时中央政府教育部艺术局局长。在苏区时期及长征中，她创作并参与演出了大量话剧和活报剧，能歌善舞，为红军的文艺宣传工作发挥了重要作用，被誉为"赤色明星"。

长征中，李伯钊先随中央红军卫生部行动。在行军战斗之余，积极从事文艺演出工作，以鼓舞士气，唤醒民众。如红军转战贵州遵义时，李伯钊参与演出《夫妻争当红军》的活报剧，出演女角，由于李伯钊是四川人，与土城一带口音相似，演得十分逼真。

懋功会师后，李伯钊与陆定一合编了《红军两大主力会合歌》，并为两军联欢大会表演了歌舞，活跃了气氛。之后，李伯钊带领一个宣传队到红四方面军宣传和慰问，并帮助他们筹办培训文艺骨干的训练班。中央红军主力北上，张国焘南下，李伯钊被迫留在红四方面军，担任了红四方面军剧社社长，改进和发展了部队的文艺工作和戏剧活动，参加了大量的群众文艺宣传工作。如 1935 年 11 月，红四方面军在绥靖（今四川省金川县）建立少数民族革命自治政府格勒得沙共和国中央政府。在格勒得沙政府屋前的柳树下，红军政治部的李伯钊为大家教唱《红军练兵歌》《打骑兵歌》《格勒得沙共和国国歌》等革命歌曲，表演《工农大联唱》《两大小》等活报剧。

红四方面军与红二、红六军团甘孜会师后，李伯钊随红二方面军行动，组建了一个 200 多人的文艺训练班，将只有十几个人的小宣传队，扩建成一个成规模的红军剧团。长征结束后，在延安时期，李伯钊曾担任延安鲁迅艺术学院编审委员会主任、中央宣传部科长等职，曾创作话剧《母亲》《老三》《金花》等。

新中国成立后，李伯钊担任中央戏剧学院院长等职，一方面为新中国培养文艺骨干，同时积极参与长征文化的艺术创造，以优秀的艺术作品传播长征精神。1950 年，李伯钊创作了著名的歌剧《长征》，首次塑造了毛泽东的人民领袖艺术形象；又历经数年，创作话剧《北上》，以艺术形式真实形象反映了长征时期党内正确路线和错误路线斗争的历史。

43

长征沿线创作了哪些关于长征的大型音乐舞台剧?

《遵义会议放光辉》是由遵义师范学院打造的音乐舞蹈史诗,于2015年首次公演,后多次复排演出。该音乐舞蹈史诗聚焦遵义会议,把历史和现实相结合,集语言、音乐、舞蹈为一体,再现了红军长征期间的重大历史事件,着力表现了中国革命的伟大转折遵义会议、红军坚定不移的革命理想信念、红军与遵义人民的鱼水情等内容。

《金沙江畔》是由成都艺术剧院有限责任公司出品,成都杂技团、成都歌舞团及成都话剧团联合演出的大型杂技舞台剧。该剧是国内首部以红军长征为题材的杂技舞台剧。该剧以杂技剧样式演绎红军"金沙水拍"的激战场景,在2019年首演后赢得专家及观众们的好评。

《长征长征》是由中共甘孜州委等承办,甘孜州民族歌舞团出品的大型红色情景歌舞剧,于2022年6月在稻城香格里拉镇首演。该剧以长征精神为主线,从小人物入手讲述历史故事,通过四个故事不同角度讲述甘孜儿女在长征精神浸润下,在四个历史时期的奋斗发展历程,歌颂了一代代英雄、一次次"长征"给甘孜儿女带来的思想进步、生活发展、文化繁荣,将一条条"长征"之路汇聚成甘孜儿女"永远跟党走"的信仰之路。

《永远的长征》是作为延安大剧院唯一驻场红色史诗歌舞剧,2020年正式演出。全篇分为序幕《红旗飘飘》《红军不怕远征难》《雄关漫道真如铁》《革命理想高于天》《梦想照亮新征程》5部分,包括《突破封锁线》《十送红军映山红》《爬雪山过草地》《血战湘江》等21个歌舞片段,全长90分钟。整场演出以大型情景史诗的形式,综合运用音乐、舞蹈、戏剧、情景表演、多媒体等舞台手段，情景再现了红军将士在长征途中浴血奋战、克服艰难险阻的战斗场景。

《永远的长征》是 2021 年青海果洛藏族自治州创作首演的民族歌舞剧。果洛州班玛县是红军长征时期唯一经过青海省的地方，民族歌舞《永远的长征》以红军在班玛 20 多天所留下的真实故事为依据，通过倒叙、插叙以及舞台场景空间转换等手法，从父辈留下的日记开始切入、以前往果洛寻找红军遗迹为主线、到向世人讲述那段长征故事收尾，完整地展现了一段鲜为人知的长征故事。

《伟大转折》是贵州省为庆祝中国共产党成立 100 周年推出的大型主题情景剧，于 2021 年 7 月 1 日在遵义大剧院首演。该剧主题情景聚焦遵义会议这一伟大的历史转折，以毛泽东、周恩来、朱德为主线人物，分《迷途期盼》《遵义会议放光芒》《娄山大捷振士气》《真理之光耀前程》《四渡赤水出奇兵》《领航高歌》等 6 幕，运用声、光、电、多媒体等舞台手段，生动还原了遵义会议、娄山关大捷、苟坝会议、四渡赤水等历史场景。

44

有哪些民间艺术形式与作品反映了红军长征？

花灯是民间歌舞体裁的一种，属于国家级非物质文化遗产，流行于云南、贵州、四川、湖南等省少数民族中。各地有不同称谓，如贵州称"地灯""红灯""小唱灯"等。《红军送我一把壶》是遵义花灯曲艺人李祖德根据当年的亲身经历创作的花曲。1935 年红军途径遵义县南白镇时，遇上赶场，向聆听红军宣传的李祖德了解当地的情况并让他帮忙带路。红军临走时，将没收土豪家得来的两把瓷茶壶送给李祖德。1958 年，李祖德将仍保存完整的一把茶壶捐给贵州省博物馆。李祖德还根据自身经历编了一首《红军送我一把壶》的花灯曲，四处传唱。该花灯曲词朗朗上口，曲词简单直白，情感真挚而温暖。曲词内容是：

红军送我一把壶，喝起水来当肉吃。穷人吃了壶中水，千年穷根要拔除。红军送我一把壶，七个大字写上头。打富济贫分田地，干人翻身有靠头。红军送我一把壶，金子银子难买着，红军热爱老百姓，红军在我心窝住。红军送我一把壶，雪亮茶壶似明珠。红军开去打日本，见壶如见太阳出。红军送我一把壶，干人欢笑财主哭。茶壶是我翻身宝，日夜唱灯乐心窝。茶壶编灯唱红军，水干壶烂不变心。翻身不忘共产党，干人心连红军心。

车灯是四川戏曲剧种之一，集文学、音乐、表演、打板于一体，流行于西南各省，亦舞亦唱。《红军是神兵》流传于四川兴文、长宁一带，曲词内容是：

红军是神兵，团防队伍打不赢，损兵又折将，打了半天不知什么人。团防局长杨冠英，亲自来督阵，攻打城东门，城门还未拢，开枪开炮尽丢兵，跑下三锅庄，差点去见阎王。游击队有胆量，号称共产党。打贪官杀团正，常打建武城，惊动省县团防局，纠集南六来打退人。千军万马耀武扬威，一路践踏老百姓。游击队早有准备，提他们枪来抓他人。二十四年（民国）间刀兵乱，太阳来照倒，救星下凡间，火把星红过半边天，东方刀兵乱，西方打贪官，东北方向又作乱，共产党出现在正月初三。

信天游是陕北民歌的重要代表形式，它即兴而作，歌词简洁质朴，直抒胸臆，比兴巧妙，两句一押韵，自由变化。曲调高亢嘹亮，节奏自由。如《当红军》，其词为：

一人一马一杆枪，刘志丹的队伍势力壮。风刮树叶呼啦啦啦响，红军哥哥拿上长筒枪。长枪短枪马拐子枪，一枪一个刮民党。背上子弹提起枪，白军见了就投降。七九步枪扛肩上，从此吃上了红军粮。

- 45

大型声乐套曲——《长征组歌》产生了什么影响？

　　《长征组歌》自问世以来盛演不衰，显示出巨大的感召力和影响力，影响了一代又一代的中国人。在弘扬长征精神、民族之魂方面，发挥了重要作用。

　　《长征组歌》是在 20 世纪 60 年代时任解放军总政治部主任萧华创作的《长征组诗》基础上谱曲完成的。亲历长征的萧华是颇负盛名的将军诗人，一直有讴歌长征的想法。1964 年 9 月至 11 月，在杭州西湖休养的萧华，将全部精力投入到《长征组诗》的创作中。为厘清长征全过程，萧华让工作人员找来大量有关长征的资料，进行思考创作。萧华按照长征的历史进程，从极其复杂的长征历史中选取了 12 个最经典的事件，安排了组诗的整体结构。经过几个月的琢磨推敲，萧华完成了长征组诗的创作。

　　长征组诗的谱曲工作由总政歌舞团和北京军区战友文工团负责，最终于 1965 年 4 月谱好 10 首歌曲的《长征组歌》，分别是《告别》《突破封锁线》《遵义会议放光芒》《四渡赤水出奇兵》《飞跃大渡河》《过雪山草地》《到吴起镇》《祝捷》《报喜》和《大会师》。这 10 首歌分别运用了红军歌曲和江西采茶、苗家山歌、湖南花鼓、云南花灯以及川江号子、陕北秧歌等群众喜闻乐见的民族曲调，塑造了特色鲜明的长征音乐。

1965 年 8 月 1 日，《长征组歌》首次在北京人民大会堂演出，获得巨大成功。之后连续演出 30 余场，场场爆满，在上海、南京、香港的演出也获得广泛赞誉。1966 年，《长征组歌》走出国门，在罗马尼亚、阿尔及利亚等国演出数十场，受到了高度评价，一举成为中国合唱史上里程碑之作。1976 年 1 月，电影《红军不怕远征难——长征组歌》拍摄完成，在全国上映，反响强烈。从此，《长征组歌》成为那个时代家喻户晓、人人传唱的经典革命歌曲。改革开放以来，《长征组歌》依然经久不衰，进工厂、进学校、进乡村，发挥着巨大的感召力，被誉为"革命传统的战斗之歌，改革开放的奋进之歌"。

《长征组歌》以深刻凝练的歌词、清新优美的曲调、浓郁的民族风格和群众喜闻乐见的表演艺术形式，讴歌了红军历经艰险、终获胜利的革命精神，体现了中华民族不屈不挠、自立于世界民族之林的坚强意志。《长征组歌》诞生以来，演出 1000 多场，成为中国合唱史上的精品，被选为 20 世纪华人经典音乐作品之一。

46

关于长征的经典影视作品有哪些？

长征题材影视作品是长征文化的重要内容。新中国成立以来，在党和政府的支持下，文艺工作者拍摄了数量众多的长征电影、电视剧、纪录片等，从影像的角度再现了长征历史，传播着长征文化。

新中国成立至改革开放以前关于长征的影视作品开始出现，数量不多。代表性的有：《万水千山》是 1959 年拍摄的新中国第一部长征题材彩色影片，影片从红军某团、某营角度，以小见大，表现长征。影片以故事片的形式将红军经历的千难万险和著名战斗首次呈现给观众；《红军不怕远征难——长征组歌》舞台艺术片于 1976 年 2 月上映。该艺术片是之前舞台剧《长征组歌》的影视化呈现，是对长征和长征精神的颂歌。

改革开放以后，特别是 20 世纪 80 年代，长征题材的影视作品题材数量多样化。代表性的有：影片《四渡赤水》于 1983 年上映，表现了遵义会议召开后毛泽东指挥红军四渡赤水河、摆脱敌人战略包围的故事；影片《草地》于 1986 年上映，从独特的人物"组合"角度表现长征——负责部队后卫的肖连长带领着由伤员、女护士、掉队战士等人组成的一支小队伍，艰难跋涉在茫茫水草地，表现了在困难面前共产党员的先锋模范作用；影片《马蹄声碎》上映于 1988 年，以红军某运输队 8 名掉队女兵在过草地时的艰难经历，展现了长征的艰辛。

20 世纪 90 年代以来，长征题材影视创作内容丰富，形式多样，数量增多。特别是关于长征的电视剧由无到有，日趋活跃。代表性的作品有：

《长征》于 1996 年上映，分上下两集，生动描绘了红军浴血湘江的场面，表现了红军将士艰苦跋涉和奋勇杀敌的英雄气概，反映了党内正确路线的确立过程。随后，电视连续剧《长征》于 2001 年播出，该剧以更长的篇幅、更细腻的内容呈现了波澜壮阔的长征历史。

电视剧《雄关漫道》于 2006 年播出，对长征有了更科学全面的呈现，首次表现了红二、红六军团的长征，成功塑造了任弼时、贺龙、关向应等红军领导人的形象。

电视纪录片《长征》于 2016 年播出，在 8 集纪录片中，通过全景式再现、国际化视角讲述、亲历者口述、数据量化解读等手法，展现了长征中真实的细节，展示了伟大的长征精神。

电影《血战湘江》上映于 2017 年，讲述了 1934 年红三十四师官兵付出巨大牺牲奋力掩护党中央渡过湘江、成功突破第四道封锁线的悲壮故事。

电视剧《伟大的转折》于 2019 年播出，讲述了毛泽东等革命先辈在红军长征中自通道转兵以后，召开遵义会议，确立正确的军事路线，指挥中央红军以东西驰骋、南北往返高度灵活机动的战略战术，最终粉碎数十万国民党军围追堵截的历史故事。

电影《勇士连》首映于 2022 年，讲述了红四团昼夜奔袭 240 里到达泸定桥，在枪林弹雨中 22 名突击队员踩着 13 条锁链成功夺下泸定桥的故事。

电视专题片《长征之歌》是由中央广播电视总台制作的 6 集大型专题片，于 2023 年 1 月播出。6 集分别是《让长征文物活起来》《跨越时空的承诺》《一条绿色生态走廊》《奇迹在万里征程闪耀》《红飘带上的诗与远方》《长征让世界读懂中国》。该片以习近平新时代中国特色社会主义思想为指导，以建设长征国家文化公园为依托进行拍摄，讲述长征故事，弘扬长征精神，反映新长征的新成就，是一次对长征题材专题片创作的探索。

47

有关长征的经典文学作品有哪些？

赵蔚的《长征风云》（长篇小说，1987 年出版发行）。《长征风云》

以共产国际所派信使迂回进入苏区为艺术引线，描绘了长征前夕风云变幻的国际形势。国民党反动派在外国势力的支持下，向中央苏区发动规模空前的第五次"围剿"，为错误路线所控制的中央苏区却是一派肃杀凋零，军事上接连失利，"肃反"造成的内伤有增无减，在反革命武装的强大压力下，红军被迫撤离苏区，进行长途远征。总体来说，《长征风云》主要展现长征前夕那一段危机四伏、内外交困的历史景象，侧重探究红军被迫长征的深层因素。

魏巍的《地球的红飘带》（长篇小说，1992 年出版发行）。这是我国第一部全面描写红军长征的长篇小说。作品从湘江战役写起，描绘了中央红军长征的完整过程。作者以诗人的激情和史学家的严谨，史和诗相融，真实艺术再现了长征这一人类历史的壮举。作品重点从敌我双方的高层活动反映长征，展现了长征中四渡赤水、占遵义、逼昆明、渡金沙江、夺泸定桥，以及翻雪山、过草地等惊心动魄的历史场景。

李镜的《大迁徙》（报告文学，1995 年出版发行）。《大迁徙》充分地占有各类史料并加以精心组织，对长征历史进行了宏阔而周详的原貌还原。该作品以中央红军的征战历程为叙事主线，同时又兼写了红四方面军的历尽周折而与红二、红六军团会合北上的曲折进程，以及留在苏区人员的悲壮斗争和红二十五军的艰苦转战。作品在描绘各路红军迂回远征的同时，还以不少笔墨反映了蒋介石的中央军与各路军阀之间的勾心斗角，如何为长征红军造成柳暗花明的转机。

王树增的《长征》（纪实文学，2006 年出版发行）。这是王树增历时 6 年打造的长征纪实文学作品。王树增为写此书，查阅了大量史料，实地采访了许多老红军战士，书中首次披露了许多重大事件和资料。该书从人类文明发展的高度重新认识了长征的重要意义，是红军长征胜利 80 年以来第一部用纪实的方式最全面反映长征的文学作品。

雷献和的《长征大会师》（长篇小说，2016 年出版发行）。作者以红一、红二、红四方面军波澜壮阔、血火硝烟的艰苦征程和艰难会合为创作蓝本，全景式再现了中国工农红军历经数万里长征，胜利大会师的壮阔画卷。书中既有长征途中经历的百丈关、直罗镇、腊子口等悲壮的战役场面，又有普通人物投身革命参加长征后，英勇善战、历经悲欢的动人故事。解密了长征途中红一、红二、红四方面军从合到分、从分到合、艰难北上、胜利会师的光辉历程。也特别反映了以刘志丹、习仲勋为代表的南梁革命老区和陕北革命根据地的人民为红军长征和中国革命胜利做出的巨大贡献。

庞贝的《乌江引》（长篇小说，2022 年出版发行）。《乌江引》讲述了长征史诗中隐秘的传奇，即以"破译三杰"曾希圣、曹祥仁、邹毕兆为破译主力的中革军委二局，利用早期无线通信技术侦收敌台信号并成功破译密码情报，为红军长征中一次次成功突破重围、绝处逢生起到了至关重要的作用。

48

哪部作品首次向世界客观报道了红军长征？

埃德加·斯诺是美国著名作家、新闻记者，在他众多关于中国社会和中国共产党的著作中，对中国和世界影响最大的当属《西行漫记》，这本书又名《红星照耀中国》。《西行漫记》与长征关系密切，在这部书中，斯诺通过采访初到陕北结束长征的毛泽东等红军领导人及指战员，采访长征的经过，第一次向世界报道了中国工农红军的长征。

　　《西行漫记》是斯诺在亲历苏区采访结束长征的红军将士的基础上完成的。1936 年是中国国内局势大转变的关键一年，国内国共对峙即将转为抗日民族解放战争，斯诺带着当时无法理解的关于革命和战争的系列问题，6 月间由北平出发，经过西安，冒着生命危险，进入陕甘宁边区。他成为在红军区域进行采访的第一个西方新闻记者。斯诺冲破了国民党及西方资本主义世界对中国革命的严密新闻封锁，完成了系列采访，取得了成功。他首先到了当时苏区的临时首府保安（今志丹县），和毛泽东同志进行了长时间的对话，收集了关于二万五千里长征的第一手资料。随后，他历尽艰辛到了宁夏南部的预旺堡，考察访问西征的红军指战员。最后他折回保安，由保安到达西安，经西安回到北平。在北平，斯诺根据采访形成的照片文字，首先为英美报刊写了多篇轰动一时的通讯报道，然后汇编成一本书，即《西行漫记》。

　　《西行漫记》向世界首次客观报道了红军的长征。《西行漫记》出版后，风行各地。作为一部文笔优美的纪实性很强的报道性作品，作者真实记录了自 1936 年 6 月至 10 月在以延安为中心的陕甘宁边区进行实际采访的所见所闻，向全世界真实报道了中国共产党和工农红军以及许多红军领袖、红军将领的情况。斯诺《西行漫记》中用一篇的内容记述长征，重点写了第五次反"围剿"、举国大迁移、强渡大渡河、英勇过草地等长征大背景、大事件。斯诺在《西行漫记》中指出红军能够克服艰难险阻的挑战完成长征的精神因素，即一往无前的大无畏精神，使人们从中受到极大鼓舞。斯诺在《西行漫记》中写道："冒险、探索、发现、人的勇气和忠诚，而烈焰一般贯穿这一切的是那千万个青年的不息热情、永不泯灭的希望和惊人的革命乐观主义。他们从不向人，或自然、或上帝、或死亡认输——所有这一切和更多的东西，看来已载入了这部无与伦比的现代史诗中了。"

　　《西行漫记》激发了西方学者对中国革命特别是红军长征的关注和研究兴趣。《西行漫记》问世以来，西方学者对红军长征表现出了浓厚的兴趣和极大的热情，写出了一部部记述和称颂红军长征的著作。由于斯诺在对到达西北的长征红军进行秘密访问时，红二、红四方面军还在长征途中，所以斯诺告诉人们的长征是极其简略的一些片段，他着笔的重点放在了对西北这块红色根据地，对红军这支队伍及其事业的认识上，但他预言"总有一天会有人写出一部关于这一惊心动魄的远征的全部史诗"。50多年后，索尔兹伯里实现了他的这一愿望。1985年，美国著名作家、新闻记者哈里森·索尔兹伯里写成了全面报道长征的名著《长征——前所未闻的故事》。此外还有许多西方学者开始关注研究长征，如美国记者艾格妮丝·史沫特莱、德国友人王安娜等在他们写的《伟大的道路——朱德的生平和时代》《中国——我的第二故乡》等书中，都介绍了红军长征的事迹。英国中国问题专家迪克·威尔逊于1971年写成《1935年的长征：中国共产党为生存而斗争的史诗》。

49

长征留下的革命文物情况怎样？

　　红军长征留下众多的革命文物。新中国成立后，党和政府十分重视长征文物的征集和保护。不可移动长征文物方面，主要是各地的长征遗址。重要的遗址如遵义会议会址、泸定桥等数百处遗址受到重点保护，并建立了黎平会议、遵义会议、四渡赤水、飞夺泸定桥等几十处纪念馆。

　　长征文物包括可移动文物和不可移动文物，类型多样，数量众多，分布地域广泛，处于不断的变化调整中，具体数量难以统计。长征可移动文物主要包括长征期间留下的档案文件、宣传品、枪械、服装、日常用品等。据不完全统计，不包括地面文物，全国馆藏的长征文物有数万件左右。不可移动长征文物主要是各种行军战斗遗址遗迹，如战斗遗址、会议旧址、红军驻地旧址、党和红军领导人旧居、各种石刻木写的标语遗址、红军烈士墓等。

　　长征馆藏文物主要存放展示在中国国家博物馆、中国人民革命军事博物馆，以及长征沿途的重要纪念场馆如遵义会议纪念馆、川陕革命根据地博物馆等场馆中。以中国国家博物馆收藏的长征革命文物为例，中国国家博物馆在 2016 年举办大型主题展览"纪念红军长征胜利 80 周年大型馆藏文物展"，展览汇聚了大量的馆藏一级文物精品，主要是可移动长征文物，包括战斗的武器、布告、木板标语、漫画、歌曲诗篇、学习课本、烈士手稿、红军家信等类型的文物，其中 66 件为一级文物，如朱德总司令手书的《七律·长征》，陈毅创作的《游击战争纪实》（赣南游击词）修改稿，何叔衡长征开始时送给林伯渠的毛衣，中央红军长征中印制的《中国工农红军布告》，红军长征在贵州仁怀老乡家木门板上书写的"红军到，干人笑"标语，红军战士刘毅带出草地的野菜"黄花草"标本，毛泽东在陕北接受美国记者斯诺采访时戴过的红军八角帽，红军战士在草地上没有吃完的半截皮带，一根 3 米多长、共 24 节铁环的泸定桥铁索等。

　　此外，中国人民革命军事博物馆中收藏的长征文物有数百件，极珍贵的有数十件，侧重于军事和装备，如由董振堂赠送的伴随着朱德长征的毛毯，红军长征中战士们用过的雨布，红军长征时授予彝民并由小叶丹妻子保存下来的"中国夷（彝）民红军沽鸡支队"队旗，红军四渡赤水时的竹绳、马灯、手榴弹，红军长征带到陕北的唯一一门山炮等。

第三篇
红色地标

50

中央红军长征的出发地、集结地在哪？

主要是瑞金、于都。

瑞金市位于江西省东南部，赣州市东部武夷山脉西麓，赣江东源贡水上游。东与福建省长汀县，西与于都，南与会昌、石城，北与宁都相邻。地势周边高、中部低，属江西四大盆地之一。瑞金地处华中气候区与华南气候区的过渡地带，属亚热带季风气候。瑞金天然资源丰富，森林覆盖率为 75.6%。

瑞金是中央红军长征的出发地之一。瑞金历史悠久,是红色故都,中央苏区文化的中心,是共和国的摇篮、中央苏区时期党中央驻地、中华苏维埃共和国临时中央政府诞生地。苏区时期瑞金留下的革命遗址主要包括革命旧居、旧址,如红井、一苏大礼堂、二苏大礼堂、红色造币厂等。瑞金境内的革命旧址有 180 多处,全国重点文物保护单位 33 处,其中,叶坪革命旧址群、中央革命根据地历史博物馆是国家 4A 级旅游景区。目前,有 50 多个中央机关和国家部委来瑞金寻根问祖、重续红色家谱、建立爱国主义和革命传统教育基地,使瑞金成为全国影响最大的革命传统教育名城。

除了红色文化之外,瑞金的传统文化富有特色,人文自然风光独特。瑞金是客家人的主要聚居地和客家文化的重要发祥地之一。丹霞地貌罗汉岩是江西省著名风景区。宋朝古村密溪村是江西省历史文化名村,还有龙珠塔、龙峰塔、鹏图塔、凤鸣塔和双清桥等"四塔一桥"文物古迹。

瑞金的特色节日文化是红都之春艺术节。红色文化已融入瑞金的文化艺术当中,瑞金从 1983 年起举办"红都之春艺术节",每年一届,每届艺术节演出 5—7 场,节目 150 多个,千余名演员参加。艺术节期间还举办商品展览,如美术、书法、摄影、花卉等。

于都县地处江西赣州东部,有"六县之母"和"闽、粤、湘三省往来之冲"之称,东临瑞金市,南连会昌县和安远县,西接赣县,北临兴国县和宁都县。于都地势由一系列平行山岭与许多大小不等、成因多样的盆地组成。于都水资源丰富,赣江源流的贡水是流经于都县的主要干流。

于都县是中央苏区时期中共赣南省委,赣南省苏维埃政府所在地,是中央红军长征集结地、中央苏区最后一块根据地、南方三年游击战争起源地。于都现在保存完好及开发的红色遗址有,中央红军长征第一渡纪念碑园——东门渡口、毛泽东旧居何屋。被称为"长征第一渡"的于都红军大桥，1934 年 10 月中央红军主力从于都渡河踏上漫漫长征路。当时，河上没有一座桥，于都人民帮助红军搭建浮桥，摆渡船，把红军送上征程。

于都传统历史文化丰富。客家唢呐历史悠久，被江西省文化厅授予"唢呐艺术之乡"。地方戏曲主要是赣南采茶戏，如《南山耕田》《蔡郎别店》等，深受群众喜爱。主要历史古迹有罗田岩摩崖石刻、宝塔公园等。

51

中央红军第九军团长征的出发地在哪?

在福建龙岩市的长汀县。

长汀县古称汀州，隶属福建龙岩，是闽、粤、赣三省的边陲要冲，是著名的革命老区和国家历史文化名城，被国际友人路易·艾黎誉为"中国最美丽的山城之一"。汀州城处于山谷之中的盆地，四周沃野一片，城内卧龙山一峰突起。汀江绕县城而过，古城墙依山沿河而建，形成了城内有山，山中有城的格局。

长汀是红军故乡、红色土地、红旗不倒的地方，红军长征出发地之一。长汀是中央苏区的重要组成部分，是中央苏区的经济文化中心，被称为"红色小上海"。毛泽东等在此进行革命，革命家瞿秋白、何叔衡在长汀光荣就义。苏区时期，2 万多长汀儿女参加了红军，产生了 13 名将军。长汀红色旅游线路被列入国家 30 条精品旅游线路之一，省苏维埃旧址等 7 个景点被列入国家 100 个红色旅游景点景区。著名的红色遗址有福建省苏维埃政府旧址（原汀州试院），福音医院，毛泽东、朱德旧居辛耕别墅，福建省职工联合会旧址，瞿秋白烈士纪念碑等。

长汀历史悠久，人文鼎盛。长汀从唐至清是历代州、郡、路、府的所在地，是闽地政治、经济、文化的中心。长汀客家文化厚重，福建最大的客家人聚居地，称为客家首府。长汀是新石器文化发祥地之一。文化古迹众多，全县有 200 多处新石器遗址，还有名胜古迹如汀州试院、府学、汀州府文庙、朱子祠、汀州古井"双阴塔"、唐代古城墙、客家博物馆等。

客家文化融入了长汀的建筑、饮食文化。如长汀的客家建筑文化，继承中原宗族府第式的建筑风格，沿中轴线两边展开，层层递进，前后左右对称，布局严谨。长汀客家美食种类繁多，制作精良，有"中国客家菜之乡"的美誉。长汀主要特色节日文化有长汀红土地文化节，世界客属公祭客家母亲河（汀江）大典等。在节日上表演的民间艺术舞龙灯、踩船灯、打花鼓等，是长汀秉承中原汉族遗风，融合地方特色的经典民间艺术。

52

红二、红六军团长征的出发地在哪？

在湖南湘西桑植县东南部的刘家坪。

刘家坪白族乡，位于湖南省张家界市桑植县东南部，距县城 15 千米。刘家坪因境内中部有一大坪地，刘姓聚居，因而得名"刘家坪"。全乡辖 6 个行政村，白族人口占全乡人口的 95%。

刘家坪是红二、红六军团长征出发地。1935 年 11 月 4 日，中共湘鄂川黔省委和中革军委湘鄂川黔分会在桑植县刘家坪召开会议，讨论新形势下的战略方针问题。会议决定转移到湘黔边广大地区，争取在敌人防守薄弱的贵州石阡、镇远、黄平一带建立新的根据地。刘家坪会议后，红二、红六军团对广大指战员进行了广泛的思想动员，普遍召开党的积极分子大会和红军大会。任弼时、贺龙等亲自到基层宣传动员，针对湘西北籍战士不愿离开故土的想法，做专门的思想工作。11 月 18 日，贺龙下达突围命令。11 月 19 日，红二、红六军团分别在桑植刘家坪的干田坝和瑞塔铺的枫树塔举行誓师大会。当晚，在贺龙、任弼时、关向应等的率领下，红军 1.7 万余人告别父老乡亲，踏上了战略转移的征程。

刘家坪现有红军长征遗址遗迹多处，如红二、红六军团长征出发地旧址，位于刘家坪白族乡珠玑塔八卦楼组干田坝。红军长征出发地旧址有系列旧址组成，如红二军团第五师师部旧址，位于八卦楼及民居。红二军团第六师师部旧址，位于双溪桥谷氏宗祠。红二军团政治部旧址，位于龙堰峪刘氏宅院。红二军团第四师师部旧址，位于刘家坪熊家老屋。刘家坪白族乡周边乡镇有红六军团长征出发地，在桑植县瑞塔铺镇。

刘家坪所在的桑植县历史文化遗产丰富。主要有桑植民歌，包括山歌、小调、号子、花灯调等。2006 年，桑植民歌被国务院列为第一批国家非遗保护项目名录。2008 年，桑植县被中国文艺家协会命名为"中国民歌之乡"。此外，还有桑植围鼓、薅草锣鼓、澧水船工号子，特色戏曲文艺有傩戏、目连戏等，它们被称为"戏剧艺术的活化石"。刘家坪白族乡的仗鼓舞在 2011 年被列入第三批国家级非物质文化遗产保护名录。历史文化及风景名胜有贺龙故居、白石、九天洞、天子山景区等。

53

红二十五军长征的出发地在哪？

在河南省信阳市罗山县的何家冲。

何家冲位于河南、湖北两省交界的大别山区，属于罗山县铁铺镇的一个村，占地 20 平方千米。西临河南信阳市 35 千米，南临湖北武汉市 133 千米，北距罗山县城 40 千米，与鸡公山相连。何家冲东、北、南三面环山，自然生态良好，森林覆盖率为 75%。

何家冲因红二十五军长征的出发地而出名，是一块红色的土地。土地革命时期，何家冲是红二十五军军部及医院驻地。抗日战争时期，何家冲是豫鄂边抗日根据地的组成部分。特别是 1934 年 11 月 16 日，在中央红军长征出发一个月后，红二十五军 2900 余人，高举"中国工农红军北上抗日第二先遣队"的旗帜，从罗山县何家冲出发，向平汉铁路以西出发开始长征，1935 年 9 月 15 日到达陕甘苏区的永坪镇，随后与西北红军红二十五军、红二十六军会师，成为第一支到达陕北的红军长征队伍，被誉为"北上先锋"，为迎接党中央和中央红军，把中国革命的大本营放在陕北作出了重大贡献。

何家冲一带的红军遗址遗迹及红色景观有：红二十八军军部旧址青篷，红二十五军彭新店战斗旧址龙池，红二十五军军部旧址何氏祠，红二十五军军部医院旧址何大湾，红二十五军长征出发集结地标志物银杏树，灵山会议旧址灵山寺、莲塘，苏维埃政府旧址，何家冲八一希望小学，红二十五军长岭岗战斗旧址，将军石，红军洞等。

依托相关遗址遗迹及文物，何家冲建有何家冲学院、何家冲新时代讲习所和罗山县烈士陵园。2005 年，何家冲被纳入全国 12 个重点红色旅游区 "大别山鄂豫皖红色旅游区"的重要组成部分。2008 年，何家冲景区正式开放。2022 年，集"红、绿、俗"旅游资源于一体的何家冲景区被批准为国家 4A 级旅游景区。

54

红军入粤的第一站在哪？

在广东省北部的韶关市所属的南雄、仁化等市县。

红军长征在广东的历程是红军长征史诗的重要篇章，而韶关是红军长征经过广东的唯一地区。1934 年 10 月 26 日至 11 月 13 日，红一方面军的左路军红一、红九军团及中央纵队从中央苏区出发，突破敌人第一道封锁线后进入广东，先后经过粤北韶关市的南雄市、仁化县、乐昌市等市县。第一道封锁线从赣州向南到韶关南雄，第二道封锁线从湖南汝城到韶关仁化城口，第三道封锁线在湖南郴州、宜章到韶关乐昌坪石。红军经过韶关的三个县，南雄是红军进入广东的第一站，胜利通过南雄是红军突破第一道封锁线的标志之一。仁化是红军长征突破第二道封锁线的主战场；乐昌是红军在广东境内活动范围最广的一个县，也是突破第三道封锁线所在地。

红军长征在韶关时间不长，却留下了数量可观的历史遗存。目前韶关现存红军遗址、遗迹 131 处，红军历史纪念碑（园）8 座，红军遗址旧址文保单位 37 个，红军历史文物 1120 余件。红军长征在韶关的遗址遗迹及相关纪念设施有：红军活动纪念地遗址——城口萝卜坝广场、仁化县城口镇铜鼓岭阻击战战场遗址及铜鼓岭红军烈士纪念园、城口镇红军标语、仁化县红山镇新白村长征革命烈士纪念碑园、仁化县城口镇红军长征粤北纪念馆、红军长征经过仁化县陈欧营下村旧址。

韶关历史文化厚重，是客家文化的聚集地、马坝人的故乡、石峡文化的发祥地、禅宗文化的祖庭、唐代名相张九龄的故乡。特别是佛教禅宗六祖慧能在韶州弘法 37 年，建寺 1500 年的南华禅寺是慧能弘扬南宗禅法的发源地。主要历史人文景点有丹霞山世界地质公园，满堂客家大围旅游区，南雄市珠玑古巷，梅关古道等。

悠久的历史赋予了韶关文化多元汇聚的特色，韶关民俗既有岭南的基本民俗特色，又有中原地区、山区的习俗风貌。韶关的民间文化艺术丰富，非物质文化遗产众多，如瑶族盘王节，粤北采茶戏、龙舞等。

- 55

湘江战役的发生地在哪？

主要发生在广西壮族自治区桂林市所属的灌阳、金州、兴安等县。

桂林，地处广西北部，湘桂走廊南端，是世界著名风景游览城市。主要河流有湘江和资江，流入湖南洞庭湖，归流长江。森林资源丰富，森林覆盖率达 70.91%。

红军长征两次经过桂林以北地区。1934 年 9 月，萧克、王震率红六军团作为中央红军长征先遣队，在 9 天时间里行程 210 千米，经过灌阳、全州、资源 3 县。1934 年 11 月，中央红军由永安关和雷口关进入桂北，历时 19 天，在此进行了长征以来最激烈悲壮的湘江战役，之后翻越老山界，经湖南通道向贵州进军。红军长征过广西，在桂北留下了丰富红色资源。战场遗址：红军堂，原名三官堂，位于兴安城北界首镇湘江边，是朱德等指挥红军强渡湘江的临时指挥部；还有新圩阻击战战场遗址，光华铺阻击战战场遗址，龙胜平等乡太平村的红军洞、红军楼，华江瑶族乡千家寺红军标语楼。纪念设施：红军长征突破湘江烈士纪念碑园，位于兴安县城西南狮子山，分为群雕、主碑、陈列馆三大部分；老山界，位于华江瑶族乡与资源县两水苗族乡之间的猫儿山山脊上，现高峰观景处立有陆定一《老山界》一文的碑刻及纪念碑亭。

桂林是首批国家历史文化名城，是具有万年历史的人类智慧圣地，是中国发现洞穴遗址最丰富、最集中的城市之一。桂林是原广西省省会，自广西建省 800 年以来为广西政治、文化、经济、军事中心，桂林在民国新桂系李宗仁、白崇禧等统治时期是全国模范省的省会，抗战时期作为抗战文化中心，被誉为文化城。主要自然人文景点有桂林漓江风景区、桂林象山景区、桂林王城景区、桂林东西巷、桂林阳朔西街、桂林灵渠等。

桂林是一个多民族聚集区，少数民族主要有壮、瑶、侗、苗等 28 个，多民族融合的地域民族文化是桂林文化的一个重要特征。壮、苗、瑶、侗等保持着古朴、多彩的民俗风情，如壮族的三月三歌节，瑶族盘王节、达努节，苗族芦笙节、拉鼓节，侗族花炮节、冬节等，具有独特魅力。

56

遵义会议的预备会议是在哪些地方召开的？

主要在湖南通道、贵州黎平、瓮安等县召开。

位于湖南西南边陲，怀化市最南端，湘、桂、黔三省（区）交界处，有"南楚极地、北越襟喉"之称的湖南怀化市通道县，是红军长征中的一个重要地方。1934 年 9 月，执行长征先遣任务的红六军团，在中央代表任弼时、军团长萧克、政委王震的带领下，从绥宁进入通道。取得小水突围战胜利后，于 9 月 17 日占领通道县城，第二天向靖州新厂进发。1934 年 12 月 12 日，湘江战役之后，中央红军在通道召开紧急会议，决定改变由此北上与红二、红六军团会合的既定计划，改向敌人力量薄弱的贵州前进，被称为"通道会议""通道转兵"。

通道县的红军长征遗址遗迹及纪念设施有：通道转兵纪念馆，位于通道老县城溪镇的恭城书院，馆中收藏了 300 余件长征过通道时的资料和文物；小水战役纪念碑，1991 年由通道侗族自治县委、县政府立，萧克为纪念碑题词"红军精神永存"；恭城书院是中国现存最完好的一座侗族古书院。

通道县是湖南省于 1954 年成立最早的少数民族自治县，是侗族聚集福地。全县侗族人口占 77.9%，是侗族核心聚居区。侗族建筑、歌舞、服饰、习俗保存完整，被誉为"侗族文化活态博物馆"，有全国唯一侗锦织造技艺国家生产性保护示范基地。通道侗族村寨入列中国世界文化遗产预备名录，芋头古侗寨、恭城书院、马田鼓楼等 6 处 14 个单位被列为国家重点文物保护单位。通道红色、绿色、古色资源丰富，境内有万佛山、皇都侗文化村、通道转兵纪念地、芋头侗寨等 4 个 4A 级景区。通道连续多年入列"全国百佳深呼吸小城",被联合国教科文组织誉为"未被污染的神奇绿洲"。

位于贵州省东南部,作为贵州东入两湖、南下两广"桥头堡"的黎平县,在红军长征线路上有重要意义。1934 年 12 月,中央红军通道会议后,避开强敌防守的湘西,挥师入黔,为了确定红军的进军路线问题,中共中央政治局在黎平召开会议。黎平会议由周恩来主持,争论激烈,最后接受了毛泽东的正确意见,会议通过了《中央政治局关于战略方针之决定》,决定渡过乌江,进军黔北,建立以遵义为中心的川黔边革命根据地。黎平会议是中央红军长征以来具有决定意义战略转变的开始,为遵义会议的召开做了重要准备。

红军长征在黎平县留下了众多遗址遗迹及相关纪念设施,包括:黎平会议会址,坐落于黎平县城德凤镇二郎坡,是晚清修筑的居民建筑,当年是胡荣顺商号,占地 1000 平方米,房屋面宽五间,两端有高约 20 米的封火墙围绕;少寨红军桥,是一座杉木结构的木桥,位于高屯镇八舟河上,为当年中央红军长征经过时,由少寨群众和红军一道修建;黎平烈士陵园,位于城关南泉山半山腰。

红色资源之外,黎平历史文化资源丰富,黎平是古代贵州东南部的统治中心,城高墙固,有"铁打黎平城"之说。历史人文景点较多,主要有南泉山寺、两湖会馆、高屯天生桥、地坪风雨桥、肇兴侗寨、翘街古城、西佛崖石刻。

黎平县民族特色浓厚,是黔东南州面积最大、人口最多的县,侗族人口占 71%,是中国侗族人口最多的一个县,侗族文化的主要发祥地,有"侗乡之都"的美称。

位于贵州省中部、乌江中游的瓮安县,是猴场会议的召开地。1935

年 1 月 1 日，猴场会议重申黎平会议关于在川黔边建立新根据地的战略决定，批评了博古、李德同红二、红六军团会合的错误主张，作出了《关于渡江后新的行动方针的决定》，重申"建立川黔边区新苏区根据地"的战略任务，并改变了博古、李德取消军委集体领导，压制不同意见的状况。猴场会议巩固了黎平会议的成果，实现了中央红军的战略转变，并提出了渡江后的行动方针，为遵义会议的召开做了重要准备。

　　红军长征在瓮安留下了不少红色遗址遗迹。最有名的当属猴场会议会址，地处瓮安县狗场镇西 1000 米的猴场村，会址原为宋氏住宅。会址四周用青砖砌成墙，内有正厅 5 间，厢房、下厅齐全，石嵌天井，为标准的四合院，俗称"一颗印"房子。墙左侧有碉堡、马房，正厅后面有花园。桶墙右侧竹林茂盛，后山古木参天。2009 年，猴场会议会址被中宣部列入第四批全国爱国主义教育示范基地，2019 年被国务院公布为第八批全国重点文物保护单位。猴场会议会址周边还有毛泽东行居、红军干部休养连旧址、红军瓮安江界河强渡乌江的渡口遗址，以及在瓮安珠藏桐梓坡创建的桐梓坡农会和桐梓坡游击队旧址。

　　此外瓮安猴场还有其他众多历史文化遗存，如开创贵州戏剧先河及全国第一部私家方志的黔中文化巨擘傅玉书故居、贵州宣慰司宋钦故居、草塘安抚司署旧址、集道教与佛教文化于一体的宗教圣地后岩观等。主要风景名胜有草塘千年古邑旅游区、江界河国家级风景区、朱家山国家森林公园等。

57

被誉为"红色圣地""转折之城"的遵义有哪些重要的长征遗址遗迹？

遵义主要有遵义会议旧址、娄山关战斗遗址及四渡赤水相关遗址等。

遵义是首批国家历史文化名城。1935 年，红军长征转战遵义，于 1 月 15 日至 17 日在此召开中央政治局扩大会议，集中解决了当时关系党和红军生存发展的具有决定意义的军事问题和组织问题，成为党的生死攸关的转折点。遵义会议之后，红军转战黔北，进行四渡赤水作战，成为毛泽东军事生涯的"得意之笔"。以遵义会议为标志的红军长征使遵义被称为"转折之城"。

长征在遵义留下了众多的遗址遗迹及相关纪念设施，如遵义会议会址、遵义会议陈列馆、遵义红军烈士陵园、遵义红军坟、红军街、红军遵义总政治部旧址、毛主席旧居、红军遵义警备司令部旧址、中华苏维埃国家银行旧址、博古旧居、娄山关红军战斗纪念碑、娄山关红军战斗遗址陈列馆、娄山关摩崖石刻、四渡赤水纪念馆、苟坝会议旧址等。

其中以遵义会议纪念馆为代表。该馆位于遵义市红花岗区红旗路 80 号（原子尹路 96 号），为纪念遵义会议而建，是新中国成立后最早建立的革命纪念馆之一，1955 年 10 月对外开放。该馆是由遵义会议会址等 11 个纪念场馆组成。遵义会议纪念馆以复原陈列为主，先后复原展出了遵义会议旧址、遵义红军总政治旧址、遵义会议期间邓小平住处等 7 处革命旧址的复原陈列。

此外，位于遵义市赤水河畔的土城镇、茅台镇是红军四渡赤水的两个著名古镇，自然风光和历史文化独特。

土城镇位于遵义习水县，是一个因航运而兴的古镇。古镇位于赤水河古盐道上，系历史上"川盐入黔"的重要码头和集散地。历史上商贾云集，形成了古镇浓郁的商埠文化。红军长征赋予了土城古镇红色文化的印记。1935 年 1 月 19 日，中央红军撤离遵义向赤水河地区进军。1 月 27 日，军委纵队到达土城。28 日，毛泽东指挥红军在土城青杠坡一带与川军展开激战，因对敌军兵力判断失误，导致红军陷入被动攻坚作战，军委决定果断撤出战斗。29 日，中央红军主力分三路从元厚、土城南北地区渡过赤水河，向川南、滇东北地区前进，这就是著名的一渡赤水。红军进驻土城，进行土城战役，在此一渡赤水，开启了四渡赤水作战的序幕。

茅台镇是遵义市仁怀市下辖镇，地处赤水河畔。茅台镇历来为黔北名镇，有"川盐走贵州，秦商聚茅台"之说。茅台镇是中国酱香酒圣地，茅台酒驰名中外。茅台镇集古盐文化、长征文化与酒文化于一体，被称为"中国第一酒镇"。

1935 年 3 月中旬，红军自遵义西进，16 日至 17 日，在茅台渡口三渡赤水，进入川南，向川南古蔺、叙永方向前进，摆出北渡长江的姿态，迷惑敌人，成功将国民党军主力引向赤水河以西地区，为红军四渡赤水赢得了主动，成为四渡赤水的精彩之笔。红军长征进驻茅台镇期间，用茅台酒疗伤，恢复行军疲劳。杨成武回忆当时的情形，"奉命转移到茅台镇，著名的茅台酒就产在这里。土豪家里坛坛罐罐都盛满了茅台酒。我们把从土豪家里没收来的财物、粮食和茅台酒，除部队留了一些外，全部分给了群众。这时候，我们指战员里会喝酒的，都喝足了瘾，不会喝，也都装了一壶，留下来洗脚活血，舒舒筋骨"。在茅台保护民族工商业，保护茅台酒生产的相关设施。红军总政治部在成义、荣和、恒兴三家酒坊门口张贴了《关于保护茅台酒的通知》。当地群众欢迎红军帮助红军修桥渡河，王耀南回忆红军在茅台架设浮桥的场景，"茅台镇位于川、黔交界地区，紧靠赤水河东岸，镇上有几百户人家……我们到镇上的时候，好些人出来欢迎……老百姓听说红军要修铁索浮桥，就主动把盐船送给我们"等等，成为红军长征史上的佳话。

58

扎西会议是在云贵川三省结合部的哪座县城举行的？

在云南东北部昭通市的威信县召开。

威信县，隶属云南省昭通市，地处云、贵、川三省结合部，东与四川省叙永县、古蔺县接壤，南与贵州省毕节市、云南省镇雄县相连，西与彝良县和四川省筠连县交界，北与四川省珙县、兴文县毗邻，有"鸡鸣三省"之称。威信县属于山区县，境内山川雄伟，河谷纵横，森林覆盖率约45.1%，有滇东北"绿宝石"赞誉。

在中央红军长征途中，中央政治局于1935年2月5日至9日在云南威信县境内的水田寨、大河滩庄子上、扎西镇境江西会馆连续召开会议，统称扎西会议。会议由张闻天主持，周恩来、毛泽东、博古、王稼祥、朱德、陈云、刘少奇、邓发、凯丰等参加。会议讨论了红军的战略方针，并作出了《遵义会议决议》《决议大纲》《中央书记处致项英转中央分局电》《中共中央给中央分局的指示》《军委关于我军向川滇黔边发展的指示》《关于各军团缩编的命令》《为创造云贵川边苏区而斗争》等一系列重要决定。会议决定由张闻天接替博古在党内负总的责任，成立中共川南特委和组建中国工农红军川南游击队，红军回师黔北和缩编部队。扎西会议实际上遵义会议的继续，在长征中具有重要意义。

　　围绕红军长征在威信的相关遗址遗迹，当地有关部门进行了多方面的保护与开发。主要有威信县扎西会议旧址（江西会馆），庄子上会议旧址，水田寨中央红军总部驻地旧址，扎西红军烈士陵园。威信县城内依托扎西会议纪念馆和江西会馆政治局扩大会议旧址纪念馆等建成了红色小镇。水田寨花房子中央政治局常委会议旧址纪念馆，大河滩庄子上中央政治局会议旧址纪念馆遵循"修旧如旧"原则，最大程度保留了会议旧址风貌。红军卫生部驻地旧址杨家寨，红军川滇黔游击纵队大雪山基地，铁炉红军标语，白水庙红军标语等。其中核心代表为扎西会议纪念馆，位于威信县扎西镇东北，于 1977 年 12 月落成并正式对外开放。纪念馆含扎西会议会址主体陈列和扎西陈列馆辅助陈列两个部分。纪念馆藏有红军留下的枪支弹药、医疗器械、文献资料、生活用品等珍贵文物 300 余件。陈列馆依山而建，气势恢宏，可鸟瞰扎西县城全景，有上下两层四个展室，展厅面积 2590平方米。扎西会议会址原为江西会馆（又称万寿宫）和湖广会馆（又称禹王宫），为当地常见的木结构建筑，古色古香。

- 　**59**

中央红军长征过凉山曾在哪两个县城停留？

　　一个是召开会理会议的会理县，一个是进行彝海结盟的冕宁县。

会理是中央红军长征经过的重要地方，隶属四川省凉山彝族自治州，位于自治州最南端，历来是川滇两省交界的军事和经济重镇，是川滇两省商旅物资的集散地，古代南方丝绸之路的重要驿站，有"川滇锁钥"之称。1935年5月9日，红三军团和干部团开始进攻会理城，守敌凭借坚固的城墙拼死抵抗。红军多次攻击甚至采用坑道爆破也未能奏效。经过七天七夜，红军未能攻下会理古城。与此同时，5月12日，中央政治局在会理城郊铁厂村举行扩大会议，张闻天主持，参加者有毛泽东、周恩来、朱德、王稼祥、彭德怀、杨尚昆、林彪、聂荣臻以及共产国际顾问李德等。会上批评了林彪所谓红军"走了弓背路"和要求撤换军事指挥的错误意见，支持毛泽东的指挥，并决定立即北上，同红四方面军会合。会理会议对统一认识，维护党和红军的团结，对巩固遵义会议的成果，具有重要意义。

红军长征在会理留下的遗址遗迹主要有红军会理攻城战遗址、会理会议遗址、红军标语、会理会议纪念碑、会理红军长征纪念馆。其中，会理红军长征纪念馆位于会理市环城中路，建筑面积2070平方米，专门举办"中央红军过会理纪念展"，展览以毛泽东的著名诗句"金沙水拍云崖暖"为主题，采用图文并茂、实物陈列、文物复制、场景复原及多媒体影像等方式进行展陈，实物近百件，用6个篇章介绍了中央红军长征中发生的重大事件和在会理期间的主要活动。会理会议遗址位于会理城郊铁厂村，当年会议先在树林中的草棚子里开，后转移到平安寺的房屋里继续开。2007年，会理县在当年会议的遗址附近修建了会理会议纪念碑、雕塑群，规划建设了会理会议纪念地相关设施。

会理历史文化悠久，2011年获批国家历史文化名城。2015年，会理古城被评定为国家4A级旅游景区。会理古城的历史人文景观有钟鼓楼、武侯祠、东岳庙、景庄庙、碑林、文塔等。在传统工艺方面，会理的古法造纸、绿釉陶等工艺历史悠久，享誉国内外。

冕宁是红军长征线路上重要之地，隶属四川省凉山彝族自治州，位于自治州北部。冕宁地理位置重要，是四川往来西南边陲的重要通道之一。1935 年 5 月中央红军长征经过冕宁，建立了红军入川后的第一个革命政权，即冕宁县革命委员会。建立了第一支革命武装，即冕宁县抗捐军。红军总政治部以朱德总司令名义发布《中国工农红军布告》，首次提出了"万里长征"。红军在这里宣传贯彻党的民族政策，正确处理民族关系，发生了"彝海结盟"。

红军长征在冕宁留下了众多红色遗址遗迹，如彝海村的彝海结盟纪念地遗址、县城东街的长征时毛主席接见彝族代表处。围绕这些革命遗址遗迹，当地政府完善修建了相关纪念设施。如冕宁县彝海结盟纪念馆，位于冕宁县彝海镇彝海村的彝海景区，馆名由刘华清题写，于 2005 年正式对外开放，内设革命文物展厅、民俗文物展厅、临时展厅等，保存了不少彝海结盟时的珍贵文物；冕宁红军长征纪念馆，位于冕宁城厢镇东街，房屋建于清光绪年间，建筑面积约 404 平方米，砖木结构，三重厅堂布局，该馆于 1965 年开馆，保留了当年毛泽东接见彝族代表和地下党代表的厅堂布局原貌，陈列文物、文献等 200 余件。在彝海景区，除了纪念馆外，还有彝海结盟纪念碑、结盟新寨、结盟泉、相望树、相识湿地、彝海书屋、结盟井、小海子、红军林湿地等。此外，冕宁县还开发了红军草地公园，公园位于县城安宁河左岸，全长 3200 米。以城市生态湿地和冕宁红色文化相结合，把红军二万五千里长征最重要的十大历史时刻进行浓缩呈现。

冕宁民族文化独特，有汉、彝、藏、回等 28 个民族，截至 2021 年末，少数民族占总人口数的 44.89%。冕宁彝族风情独特，有传统的火把节。在节日里彝族男女老少换上节日盛装，选出俊男靓女，是传统节日火把节的重要项目。

60

红军飞夺泸定桥、强渡大渡河的泸定县有何特色资源？

　　泸定县位于四川甘孜藏族自治州东南部，东与天全县、荥经县、汉源三县为邻，南与石棉县接壤，西与康定市毗邻。北距州府所在地康定 49 千米，有"康巴东大门""红色名城"之称。境内多民族汇聚，以汉、藏、彝族为主。泸定地处青藏高原东南缘的横断山脉，为典型的高山峡谷区，山体呈南北走向，高山林立，谷深壁陡。泸定水资源丰富，最大河流是大渡河。由于地处四川盆地到青藏高原过渡地带，属典型的亚热带季风气候，气候垂直差异明显，高山终年白雪皑皑，河谷地带四季分明。

　　红军长征在泸定最著名的行动就是飞夺泸定桥、强渡大渡河。1935 年，中央红军自石棉县安顺场分兵两路，沿大渡河东西两岸向北挺进，实施了"飞夺泸定桥"战役。其中，担任夺桥任务的红军左纵队先头部队红四团，在团长黄开湘和政委杨成武的率领下，从 5 月 27 日到 29 日，两天时间急行军 320 里（160 千米），和敌人抢时间，按时到达泸定桥，胜利夺取泸定桥，掩护后续部队占领了泸定城，打开了中央红军北上的道路。

　　红军长征在泸定留下了许多遗址遗迹，后来也建设完善了相关纪念设施。主要有红军飞夺泸定桥纪念馆、红军飞夺泸定桥纪念碑、毛主席住宿旧址、朱德住宿旧址、红军飞夺泸定桥战前会址——泸定县泸桥镇西南沙坝村天主教堂、岚安红军司令部旧址、区苏维埃旧址等。红军飞夺泸定桥纪念馆，位于泸定县城西南的红军飞夺泸定桥纪念碑公园内，距泸定桥600 米，2005 年正式开馆。馆内收藏各类历史文物、图片、资料 400 余件，以红军长征为主线，以飞夺泸定桥为重点，全面展示了红军飞夺泸定桥的惊、险、奇、绝等特点。红军飞夺泸定桥纪念碑位于泸定县城南大桥旁。1984 年开始筹建，1986 年建成。1985 年 3 月，邓小平为"红军飞夺泸定桥纪念碑"题写碑名，台阶左右两侧碑体上有用汉藏两种文体刻下的、由聂荣臻撰写的碑文。主碑运用泸定桥锁链的几何变体，象征了革命的武装斗争，底座平台又着重表现红军战士日夜兼程急行军后疲乏而又顽强的战斗姿态。

泸定县境内自然、人文旅游资源丰富，以大渡河为界，分为东西两个不同景观片区。西片区包括海螺沟等生态景区，辅以唐蕃古道、红军长征遗址等人文景观。东片区以泸定县城泸定桥为中心，包括化林坪景区和岚安乡红色历史文化旅游区。海螺沟以大型低海拔现代冰川著称于世，它融原始森林、珍稀动植物、温泉、瀑布为一体，构成了壮丽奇特的景观，被称为世界上距大城市最近最易进入的现代冰川。化林坪景区位于泸定县兴隆镇化林坪，它曾是康巴高原茶马古道上"西陲首府第一重镇"。从明清到民国年间，数代背客负重茶包，出雅州，经荥经，走汉源，翻过飞越岭，在化林坪落脚补充给养，继续向康定前行。遗存的化林坪茶马古道在2013 年被列为全国重点文物保护单位。

◎ **延伸阅读**

泸定桥固定铁链的秘密

泸定桥桥体分别由桥身、桥台、桥亭三个部分组成。桥身，由 13 根铁索组成，是泸定桥的主要组成部分。13 根铁索每根长 101.37 米，重约 1.5 吨；13 根铁索共有扣环 12164 个，总重 21 吨。铁索被牵引过河后，如何把铁索拉紧并锚固牢靠，这是索桥成败的关键。泸定桥的铁索一端先在西岸固定，另一端绕在东岸两个直径约 5 至 6 米的大木辊上。木辊表面上挖了很多交叉洞眼，用木棒插入，扳动木棒，使木辊滚动，铁索随之慢慢拉紧。拉紧一段，用插销插在重叠的扁环中，紧到不满一个扁环时，就用铁板条作为楔子一片一片插入缝隙中，直到拉紧为止，这一工作需要 70 到 80 个劳动力。铁索拉紧后，把它锚套固定在桥台后面落井中的困龙上，困龙紧贴在地龙桩上。地龙桩埋置在离桥台顶面 5 米多的地方，以便得到足够的压重。据估算西岸桥台自重约 2300 吨，铁索传给桥台总拉力仅 210 吨，安全系数较大。

61

红军先后翻越了哪些雪山？

红军长征翻越的雪山主要指海拔超过 4000 米的高山，终年积雪。

红一、红四方面军会师前后翻越的雪山有 19 座，主要是红军棚子，海拔 4097 米，位于阿坝茂县。红四方面军一部于 1935 年 5 月翻越。虹桥山，垭口海拔 4556 米，位于阿坝理县与小金县之间。1935 年 6 月 4 日，红四方面军一部为接应中央红军翻越此山。夹金山，垭口海拔 4114 米，位于小金县与宝兴县之间。1935 年 6 月 12 日，红一方面军主力翻越夹金山，到达垭口北坡下的达维镇与红四方面军接应部队会合。红军先后 3 次翻越夹金山。梦笔山，垭口海拔 4080 米，位于小金县与马尔康县之间。1935 年 6 月 24 日至 7 月初，会师后的红一、红四方面军翻越此山继续北进。梦笔山也是红军三次翻越的雪山，红四方面军南下和再次北上时，都翻越过此山。

红四方面军西进康北期间翻越的雪山，约 11 座。党岭雪山，红军翻越的垭口海拔 4810 米。党岭为丹巴与道孚界山，是红军翻越过的雪山中海拔最高的雪山之一。沙拥山，垭口海拔 4700 米，位于甘孜道孚县。1936 年 4 月 2 日，红四方面军第 4 军第 10 师翻越此山。

红二、红六军团北进甘孜期间翻越的雪山，约有 16 座。主要有：哈巴雪山西岭，垭口海拔 4000 米左右，位于云南省香格里拉市。沙鲁里山，垭口海拔 4730 米，位于四川乡城县与稻城县交界处。1936 年 5 月 20 日，红六军团由乡城县翻越沙鲁里山进入稻城县。藏巴拉山，垭口海拔 4900 米，位于巴塘县，1936 年 6 月 5 日，红二军团翻越此山进至巴塘县城附近。

红二、红四方面军会师北进期间翻越的雪山。主要是老则呷登山，垭口海拔 4352 米，位于炉霍县。1936 年 6 月 15 日，徐向前率红四方面军一部翻越此山进至色达地区。

- # 62

雪山地域有哪些典型红色地标？

在众多雪山地域的城镇中，小金县和卓克基是中央红军长征经过的重要红色地标。

懋功是小金县的旧称，懋功为乾隆时期两次金川之战后所定名，有标榜盛大武功、盛大功绩之意，蕴含征服者的用意。为尊重少数民族，沿袭历史上小金川的称谓，1953 年，懋功更名为小金县。小金县地处四川省西北部，阿坝藏族羌族自治州南端，东邻汶川县，西毗甘孜州丹巴县，南连雅安市的宝兴县，北接马尔康市。地形南北狭长，地势东北高，西南低。气候冬寒夏凉，常年干燥，雨量稀少。

小金县是红军长征经过的重要地区之一。懋功会师，两河口会议确定北上方针是长征中的重大事件。1935年6月12日，中央红军先头部队红一军团第二师第四团翻越夹金山，到达懋功县城东南的达维镇，与前来迎接的红四方面军先头部队胜利会师。6月17日，毛泽东、朱德、周恩来、张闻天等中央领导人翻越夹金山，来到达维，受到红四方面军先头部队的热烈欢迎。当晚在达维镇喇嘛寺附近坡地上，举行了两军会师联欢会。6月18日，毛泽东等中央领导人离开达维向懋功出发，当天到达懋功，受到热烈欢迎。6月21日，庆祝会师活动达到高潮，在懋功的天主教堂里，召开了中央红军和红四方面军干部同乐联欢会。在懋功休整3天后，毛泽东等中央领导人沿抚边河北上，向两河口前进，于6月23日到达两河口。6月25日，张国焘到达两河口。6月26日，中央政治局在两河口召开扩大会议。6月28日，中央政治局做出《中共中央政治局决定——关于一、四方面军会合后的战略方针》，确定了两个方面军共同北上，在川陕甘创建根据地的战略方针。6月30日前后，毛泽东等中央领导离开两河口北进，连续翻越梦笔山等大雪山，于7月10日到达上芦花（今黑水县）。

小金县长征文化资源丰富，红军遗址遗迹众多，以"四座山""三座桥""四处遗址"著称。红军翻越的四座山，主要是红一方面军翻越的第一座大雪山夹金山，翻越的大雪山巴朗山，红四方面军翻越的大雪山虹桥山，红一方面军翻越的第二座雪山梦笔山。通过的四座桥，即红一、红四方面军会师的达维会师桥，红军与国民党守军激战的猛固桥、马鞍桥和三关桥。四处遗址分别是中央政治局两河口会议会址，红军召开团级以上干部会议和毛泽东、周恩来、朱德等老一辈革命家住居遗址、中央机关办公地天主教堂，红一、红四方面军召开会师大会遗址达维喇嘛寺，红一、红四方面军举行联欢会遗址四方台子。

自然文化资源方面，世界自然遗产四姑娘山位于县境的四姑娘山镇，由四姑娘山、双桥沟、长坪沟、海子沟四部分组成，幅员 450 平方千米，主峰海拔 6250 米，因神奇的传说和圣洁的气质，有"东方圣山""东方的阿尔卑斯山"之美称。2006 年被列入世界自然遗产名录。

卓克基，卓克基是嘉绒藏语，意为"至高无上"，原为土司驻地，隶属四川省阿坝藏族羌族自治州马尔康市，处于摩梭河与西索河交汇处，是阿坝州首府马尔康至成都、小金两条公路的交叉点。卓克基是嘉绒藏区东去汶川进入内地的必经之路，经草地可走甘青两省，南经小金可至雅安、西昌，西经金川、丹巴可到甘孜、西藏，被称为扼控川西北高原山地交通的锁钥。卓克基镇辖查米、西索、纳足三村，全境内为高山峡谷地带，属邛崃山脉，为大陆性高原季风季候，山地气候特征明显。

中央红军（红一方面军）和红四方面军懋功会师后，开始北上，红一方面军自小金两河口出发，翻越第二座大雪山梦笔山，抵达阿坝州马尔康境内的卓克基。1935 年 7 月 1 日，毛泽东、朱德、周恩来等党和红军领导人率中央机关到达卓克基土司官寨，在此停留一周。在官寨二层书斋里，除了藏文书籍，还有大量汉文"四书""五经"，还有一套线装的《三国演义》。红军驻留卓克基期间，在官寨附近的墙壁上、岩石上留下了大量标语。在卓克基土司官寨里，红军召开卓克基会议，专门讨论民族地区有关问题。发布《告康藏西番民众书》，号召藏族民众反对帝国主义及国民党军阀，成立游击队，加入红军，实现民族自决。谢觉哉在回忆长征文章中专门写了卓克基土司官寨的情况。

重要遗址遗迹及纪念设施。卓克基土司官寨，被赞誉为"东方建筑史上的一颗明珠"，它是一座坐北朝南的建筑，始建于 1918 年，是末代土司索观瀛亲自设计并组织建造的，占地面积 1500 平方米，有大小房间及展示厅 63 间。整个建筑由四组碉楼组合而成封闭式的四合院。官寨的外部装饰以石块、片石的天然成色作基调，整个建筑古朴凝重，与整个自然环境浑然天成。官寨右侧有一片石头砌成的碉楼，碉呈四方椎体，顶高与官寨相等，系土司在紧急时储藏珍贵物品及藏身防御之所。1988 年卓克基土司官寨被国务院公布为全国重点文物保护单位。卓克基镇红一方面军经过梭磨河的"红军桥"。毛泽东、朱德、周恩来等拴过战马的白杨树，当地人称"红军树"。卓克基还建有红军长征纪念馆，占地约 6324 平方米，分万里长征、转战阿坝、北上驿站、英名永存、传奇故事、迈向新长征等六个板块，全面生动展示了红军长征途径阿坝州，翻雪山过草地和建立革命政权的历史。

卓克基依托红色文化和民族文化，着力打造卓克基嘉绒藏族文化旅游景区。该旅游区位于阿坝中心地带的马尔康市卓克基镇，以卓克基景区为核心，有卓克基土司官寨、西索民居、卓克基会议旧址、马尔康红军长征纪念馆等，以及一处商业街。在这里可以体验嘉绒先民"垒石为室"的传统建筑风格、富丽堂皇的唐卡艺术、淳朴热情的嘉绒藏族居民。

63

红军通过岷山留下了哪些足迹？

红军长征通过岷山驻足的主要是甘南迭部县的腊子口及陇南的哈达铺镇。

　　迭部县，是甘肃省甘南藏族自治州辖县，地处秦岭西延岷山、迭山山系之间高山峡谷中，青藏高原东部边缘甘川交界处。北靠卓尼县，东临舟曲县，东北与宕昌哈达铺镇相邻，西南与四川省若尔盖县、九寨沟县接壤。迭部县重峦叠嶂，山高谷深，沟壑纵横，地形崎岖。大小河流属白龙江水系，白龙江干流由西界入境。气候属非典型性大陆性气候，干湿季分明，季风气候特点突出，降水多集中在夏季，春季风多雨少，秋季阴雨连绵。

　　红军长征在迭部县的遗址遗存及纪念设施有俄界会议会址、茨日那毛主席旧居、天险腊子口战役遗址等。俄界会议旧址位于达拉乡政府驻地西北 3000 米处的高吉村，是一处地势平坦，依山傍水的典型藏族山寨。召开俄界会议的木楼保存完整，2006 年入选第六批全国文物保护单位。腊子口战役的遗址及周边已开发成腊子口国家森林公园。主管部门编制了《腊子口国家森林公园总体规划》，新修了部分景区公路、通信设施和旅游景点，成为缅怀先烈的爱国主义教育基地和红色旅游景区，以及欣赏秀丽山水的绿色旅游景区。纪念设施有腊子口战役纪念碑，为甘肃省人民政府于 20 世纪 80 年代修建。纪念碑南、北两面镌刻有杨成武将军亲笔题字"腊子口战役纪念碑"。北面镌刻着甘肃省人民政府对腊子口战役的简介和对革命烈士缅怀的碑文："腊子口战役的辉煌胜利将永远彪炳我国革命史册；在腊子口战役中光荣牺牲的革命烈士永垂不朽！"腊子口战役纪念馆位于腊子口战役遗址 3000 米的腊子口朱立沟，占地 12000 平方米。展馆分 3 层，若干单元，利用人物组雕、图片、蜡像、沙盘等，重点表现俄界会议的历史意义；利用幻影成像、景观模型生动再现了红军当年激战腊子口的场景；通过幻影成像杨土司开仓放粮、图文资料，再现了藏族人民拥护和支持红军的场景等。

　　哈达铺，原名哈塔川，明代在哈塔川设铺，故称哈达铺，位于甘肃省陇南市宕昌县西北部，地处岷山东麓丘陵川坝之中，国道 212 线穿镇而过，南距县城 35 千米，北距岷县县城 35 千米，西距迭部县腊子口 70 千米。自明末清初，这里就有陕西、山西、天津、上海、河北、四川等 10 余省的药商来此开设"商号"，开店铺经营药材生意，素有"当归之乡"的美称。

哈达铺是红军长征经过的重要集镇，在红军长征历史中具有重要意义，是长征途中名副其实的加油站，是决定中国工农红军长征命运的重要决策地。1935 年 9 月，由毛泽东率领的中央红军陕甘支队经过哈达铺，在此驻扎 7 天，并召开中央领导人紧急会议和团以上干部会议，毛泽东作了《关于形势和任务》的政治报告，做出向陕北进发的决策。就地整编部队，组成了中国工农红军北上抗日先遣队（陕甘支队）。1936 年 8、9 月间，红四方面军和红二方面军长征中也先后通过哈达铺进军陕北。

红军长征在哈达铺的遗址遗迹丰富，相关纪念设施完备，包括毛泽东、张闻天住过的"义和昌"药铺，红一方面军司令部及周恩来住过的小院"同善社"，一方面军团以上干部会议会址"关帝庙"，红二方面军总指挥部及贺龙、任弼时住过的"张家大院"，原哈达铺"邮政代办所"旧址，以及中国工农红军长征第一街。现在这 5 处红军长征革命遗址和长征一条街是中国工农红军在甘肃省境内规模最大、最全面、保存原貌最完整的革命纪念地。哈达铺红军长征遗址 2001 年被国务院公布为全国重点文物保护单位，2012 年更名为哈达铺红军长征纪念馆。

该区域附近著名的自然景观有岷山、腊子口国家森林公园，黄龙寨九寨沟等。岷山是自甘肃省西南部延伸至四川北部的一褶皱山脉，全长约500 公里。主峰雪宝顶位于四川省松潘县境内，海拔 5588 米。岷山是长江水系与黄河水系的分水岭。岷山多海子，以南坪九寨沟最集中。岷山山清水秀，拥有世界自然遗产九寨沟、黄龙等。

◎ 延伸阅读

腊子口国家森林公园

腊子口国家森林公园地处青藏高原东缘，岷山山系北支，迭山山脉，为白龙江林区四大国家级森林公园之一。现有铁尺梁、一线天、梅鹿沟、老龙沟、腊子河和朱李沟六大景区，总面积 486 平方千米。腊子口国家森林公园植物景观丰富多彩，生态优美，植物种类繁多，森林茂盛，水清谷幽，林草覆盖率 80% 以上。公园内地文景观雄、奇、险、秀、幽融为一体，有各种神奇怪石，有曲径通幽的水域风光，有淳朴的民风风俗。

64

秦岭腹地的哪一座小镇是红二十五军长征的转折地？

葛牌古镇，隶属陕西省西安市蓝田县，地处秦岭北麓腹地大山深处，地形复杂，是"五龙捧首"（五条山脉汇聚）、"三水浮舟"（三条小溪环绕）的人间福地，它被喻为"明清老街，红色古镇"。

1935 年 2 月初，红二十五军在徐宝珊、吴焕先、程子华、徐海东等的率领下，长征入陕，红军突进葛牌镇歼灭守敌，成立了葛牌区苏维埃政府。葛牌区苏维埃政府根据当时革命斗争需要，在葛牌镇成立了秘密的红色交通站。

葛牌镇现保留有红二十五军军部旧址、鄂豫陕省委扩大会议旧址、葛牌区苏维埃政府旧址。当地政府依托葛牌区苏维埃政府旧址建立了葛牌区苏维埃政府纪念馆。纪念馆为仿古建筑，保存了旧址原有的四合院布局形式，保持了原建筑风貌。纪念馆占地800平方米，建有房屋31间，展室7个，展出实物资料照片400余幅，革命文物30多件，再现了红军长征转战葛牌镇的艰苦岁月。纪念馆于2001年对外开放。

红色文化之外，葛牌镇传统文化样态丰富。葛牌古镇地处古城西安的东南门户，自古以来为商贸重镇。地

图 3-1　西安市蓝田县葛牌镇葛牌街

处秦岭深处，气候湿润，林木茂盛，空气清新，民风朴实。古镇老街被称为葛牌街，为青石铺垫的数百米明清老街，古色古香的砖木建筑，雕梁画栋的街牌楼，小河流水，商铺云集，熙熙攘攘。主要出售秦岭山货特产及当地的特色农家美食小吃。葛牌镇多山，玉米和土豆是主粮，以此为原料的包谷面搅团和洋芋糍粑独具特色，此外还有腊肉、土鸡、饸络等特色小吃。葛牌保留着传统的赶集风俗，每逢农历三、六、九日，周边村寨的山民带着野生猕猴桃、野板栗、山核桃、土蜜蜂、天麻等山货汇聚于葛牌古镇。以红色文化为灵魂，以古镇商贸文化为底色，以秦岭绿色生态文化为辅色，游古镇、选山货，品美食，成为葛牌游览观光的特色。

65

红二、红六军团长征在贵州的转战地在哪？

毕节位于贵州省西北部，为川滇黔三省交通要冲，北接四川泸州市，西临云南昭通市、曲靖市，东靠贵阳市、遵义市，南临六盘水、安顺市，地处乌蒙山腹地，为乌江、赤水河、北盘江的发源地。毕节季风气候明显，境内海拔落差较大，立体气候明显，造就了"一山有四季，十里不同天"的神奇景观。

毕节长征文化资源丰富。中央红军，红二、红六军团长征转战毕节期间，宣传发动群众，建立政权，武装民众，留下了众多长征遗址遗迹，如毕节七星关城区中华苏维埃人民共和国川滇黔省委员会旧址、贵州抗日救国军司令部旧址、林口镇"鸡鸣三省"长征遗址等。其中，贵州抗日救国军司令部旧址位于毕节市七星关区和平路 74 号，是周素园先生的住宅。1936年 2 月，红二、红六军团长征到达毕节，为了更好地贯彻抗日民族统一战线政策，组建抗日武装，红军以毕节地下党掌握的席大明、周质夫、阮俊臣 3 支地方武装为基础，组建了"贵州抗日救国军"，邀请曾任贵州军政府行政总理的毕节爱国民主人士周素园担任贵州抗日救国军司令，司令部就设在周素园宅子里。这是红军长征途中建立的唯一的省级抗日武装。旧址坐西北向东南，为二重檐悬山式青瓦屋面楼房，底层三面设廊，面阔五间，进深两间。2006 年 6 月，该旧址被国务院公布为全国重点文物保护单位。

毕节，自然生态资源丰富，拥有"名洞之乡""花的世界""鸟的天堂""湖的长廊"等美誉。织金洞为国家级风景名胜区，先后获得世界地质公园、中国最美的旅游洞穴、国家 5A 级旅游景区等殊荣。百里杜鹃风景名胜区为国家级森林公园，因杜鹃林带绵延百里，故称为"百里杜鹃"，每年的 3 月底至 4 月末，是景区的最佳花期，"杜鹃花似海，穹山留异香"是其真实写照。国家级自然保护区草海，是一个完整、典型的高原湿地生态系统，也是我国特有的高原鹤类——黑颈鹤的主要越冬地之一，其在"中国生物多样性保护行动计划"中被列为一级重要湿地，被誉为云贵高原上一颗璀璨明珠。

◎ **延伸阅读**

"乌蒙磅礴走泥丸"中的"乌蒙"指的是什么？

毛主席著名诗句"乌蒙磅礴走泥丸"中的"乌蒙"指乌蒙山，它是金沙江及北盘江的分水岭，位于滇东高原北部和贵州高原西北部，呈东北西南走向，平均海拔约 2000 米，最高峰 4000 米。乌蒙山地势险峻，喀斯特地貌发育典型，残丘峰林、溶洞等广泛分布。乌蒙山脉在贵州的最高峰为韭菜坪，海拔 2900 米，属赫章县阿西里风景名胜区，夏季凉爽宜人，冬季冰雪覆盖，素有"贵州屋脊"之称。乌蒙山国家地质公园位于贵州省六盘水市，以乌蒙山顶峰及其东坡高原喀斯特地质为特色，以北盘江喀斯特大峡谷为主体，为经典的喀斯特地质博物馆。

红军长征经过乌蒙山，进行荡气回肠的乌蒙山回旋战，书写了红军长征史壮丽的篇章。1936 年 2 月 27 日，红二、红六军团退出毕节，西进乌蒙山区。红军在四面受敌，人烟稀少，天寒地冻，物资困乏的乌蒙山地区，迂回曲折，运动作战，先后取得以则河、得章坝等战斗胜利，给敌人以重大损耗。最终于 3 月 28 日、29 日进占黔西南盘县、亦资孔地区，完成了在乌蒙山近 1 个月的回旋作战任务，打破了国民党重兵围歼的计划。

66

红四方面军强渡嘉陵江的主渡口在哪?

主要在四川省广元市苍溪县城东塔子山。

苍溪县，隶属四川省广元市。苍溪因"树浓夹岸、苍翠成溪"而得名。地处四川盆地北缘、大巴山南麓之丘陵地带。地势由东北向西南倾斜。境内江河纵横，地形复杂，以低山为主。嘉陵江为域内第一大河，迂回曲折贯穿南北。

苍溪是当时川陕苏区的重要组成部分。红四方面军强渡嘉陵江，开始长征的渡江作战地，就是以苍溪城东塔子山为主渡口。1935 年 2 月中旬，红四方面军对各渡江部队进行政治动员，开展渡江训练。担任主要突击任务的部队在王渡地区利用嘉陵江左侧支流东河开展水上练兵，学习操船、泅水等技术，演习登陆、巩固登陆场等战术。当时，嘉陵江没有桥，所有船只被敌人拖到西岸或者击沉销毁。红四方面军总部决定在离塔子山 30 余里、山高林密的王渡庄附近建立造船厂。根据地人民听说红军要造船，从人力、物力等方面给予大力支援。在川陕根据地人民的热情支援下，红军用了一个月时间造好了船。3 月 28 日夜，强渡嘉陵江战役开始，徐向前向渡江部队发出"急袭渡江"的总攻击令，渡江战役随即发起。强渡嘉陵江有多个渡口，主要渡口除塔子山外，还有阆中城北八公里处的涧溪口，以及苍溪城北 25 千米处的鸳溪口。

围绕当年的红军渡口，苍溪已开发打造了红军渡西武当山景区，是红四方面军长征出发地、强渡嘉陵江战役纪念地、全国爱国主义教育示范基地、全国百个红色旅游景点景区、国家 4A 级旅游景区。其中红军渡红色文化旅游区有红军渡标志铜质塑像、红军渡口遗址、将帅台、红军石刻标语碑廊、红四方面军长征出发地纪念馆、红军街、渡江指挥所、王渡河、功勋馆、万名烈士纪念碑、将军陵、强渡嘉陵江战役纪念碑等重要景点。

67

红二、红六军团长征经过的滇西北名城有哪些?

主要有丽江市、香格里拉市。

丽江,云南省地级市,位于玉龙雪山脚下,金沙江中游,北连迪庆藏族自治州,南接大理白族自治州,西邻怒江傈僳族自治州,东与四川凉山、攀枝花接壤,是古代"南方丝绸之路"和"茶马古道"的重要通道。丽江地名来源于纳西语"依古堆",意思是"金沙江转弯的地方"。居民以纳西族为主,民风淳朴,注重礼仪。

1936 年 4 月 25 日,红二、红六军团到达丽江。红军横扫滇西,军纪严明、秋毫无犯,尊重各少数民族风俗习惯,"仁义之师"的美名早已在丽江人民群众中流传。当红军来到丽江时,国民党的县长等官员弃城逃走,丽江人民推举几百名代表,按照纳西族的风俗习惯,在城南的东元桥"接官亭"摆起香案,打着"欢迎红军"的横幅,列队欢迎,向红军表示敬意。进城后,红军开仓济贫,群众积极支援红军,青年踊跃参加红军。红军在丽江古城进行渡金沙江的动员和宣传工作。随后在丽江各族群众的帮助下,红军 18000 多人经过四天四夜,在玉龙县石鼓镇木瓜寨、格子渡等几个渡口全部顺利渡过金沙江，取得了战略转移中具有决定意义的胜利。

红军长征在丽江留下的遗址有丽江古城红军驻地旧址，红军经过的石鼓铁虹桥，红军召开渡江动员会的石鼓镇戏楼，红二、红六军团渡江指挥部旧址，丽江金沙江畔的红军亭等。主要纪念设施有红军长征纪念碑、《金沙水暖》雕塑、木瓜寨渡江纪念碑、石鼓镇格子渡纪念碑、红军长征过丽江纪念馆等。其中红军长征过丽江纪念馆位于丽江城西 52 千米的石鼓镇，境内山河壮丽，有长江第一湾、红军渡江纪念碑等，纪念馆的展览重点突出红二方面军长征过丽江的历史。

丽江旅游文化资源丰富，丽江地处横断山脉三江并流区域，地形地貌复杂、民族众多、历史悠久。旅游资源丰富，代表性的有二山、一城、一湖、一江、一文化、一风情。二山指玉龙雪山和老君山。一城是丽江古城，有800 多年历史，被列入世界文化遗产名录。一湖即泸沽湖，为云南九大高原湖泊之一。一江指金沙江，代表景点是长江第一湾、虎跳峡。一文化即纳西东巴文化，包括东巴象形文字、纳西古乐等。一风情即摩梭风情，生活在泸沽湖畔的摩梭人保留着母系走婚习俗。

香格里拉市原名中甸县，是云南迪庆藏族自治州下辖市之一，位于云南省西北部，是滇、川及西藏三省区交汇处，也是"三江并流"风景区腹地。香格里拉市地处青藏高原东南边缘横断山脉三江纵谷区东部，地形西北高、东南低，平均海拔 3459 米，地貌分为山地、高原、盆地、河谷。境内水系发达，属金沙江水系。高山湖泊众多，其中面积最大、景观最美的湖泊是纳帕海、碧塔海、属都湖和三碧海等 4 个高原湖泊。气候随海拔升高而变化，为典型的"立体农业气候"。

香格里拉是红军长征经过的重要地方之一。1934 年 4 月 25 日，红二、红六军团在贺龙、任弼时等的率领下，途径中甸地区，行程 400 多千米，翻越 3 座雪山，先后停留休整了 19 天。进驻中甸城区后，红二军团指挥部设在独克宗古城中心镇公堂，设立了中华苏维埃人民共和国中央军事委员会湘鄂川黔滇分会中甸城军分会。红二军团以贺龙名义颁布了《中华苏维埃人民共和国中央军事委员会湘鄂川黔滇分会布告》。5月2日，贺龙等率领红军代表 40 余人拜访松赞林寺，即归化寺，受到热烈欢迎，贺龙向松赞林寺僧送"兴盛番族"的红锦璋。5月3日，松赞林寺打开仓库，向红军出售青稞、牦牛肉、红糖等粮食物资。

红军长征在香格里拉留下了不少宝贵的遗址遗迹和革命文物，丰富了香格里拉的多彩文化。当前，香格里拉建有迪庆红军长征博物馆等纪念设施。迪庆红军长征博物馆占地面积 4049 平方米，2007 年开馆，收藏文物 280 余件（截至 2019 年末），包括红军当年进迪庆时使用过的船只、枪炮、标语、文件书籍，以及马灯、药箱、水壶等，辅助以图片，展示了红军长征过香格里拉的历史和故事。此外，还有修缮一新的红军驻地中心镇公堂遗址、小中甸镇团结村石麦谷藏族民居的红军标语等。

香格里拉是迪庆藏语，意为"心中的日月"。1933 年，詹姆斯·希尔顿在其长篇小说《失去的地平线》中，首次描绘了一个远在东方群山峻岭之中的永恒和平宁静之地"香格里拉"；1997 年 9 月，云南省政府在迪庆州府中甸县宣布举世寻觅的世外桃源"香格里拉"就在迪庆；2001 年 12 月，经国务院批准中甸县更名为香格里拉县；2014 年 12 月，香格里拉县获批撤县设市。香格里拉人文自然景观富集，有哈巴雪山自然保护区、梅里雪山、普达措国家公园、独克宗古城、松赞林寺、虎跳峡等人文自然景点。

◎ 延伸阅读

金沙江上的四大水利工程

金沙江是长江的上游，发源于唐古拉山脉，全长 3481 千米，落差 3300 米，水急崖陡，江势惊险，流水侵蚀力强，水力资源 1 亿多千瓦，约占全国水能总量的 16.7%。金沙江干流规划建设 20 多座梯级水电站，在金沙江下游，规划了 4 座世界级巨型水电站，它们是向家坝、溪洛渡、白鹤滩、乌东德水电站。这 4 个超级电站的建成蓄水极大改变了金沙江下游天然航道比降大、险滩多、流态复杂等问题，为发展金沙江下游航运、将长江黄金水道从宜宾向上延伸到攀枝花创造了千载难逢的机遇。

- 68

红二、红四方面军长征会师地甘孜有何特色？

甘孜县位于四川省甘孜州西北部、康北地区腹心地带，长江支流——雅砻江上游，东与炉霍县接壤，西与德格县毗邻，南与新龙县、白玉县交界，北与石渠县、色达县、青海省相依。"甘孜"为寺庙名称，意为洁白美丽的地方。甘孜县多山，境内山环水绕。甘孜县城海拔 3390 米，距州府所在地康定 385 千米。甘孜县是以藏族为主体的多民族地区，藏族人口占 95% 以上。

1936 年 3 月，红四方面军长征路经甘孜，红 30 军驻扎甘孜。为了更好发挥当地藏民的积极作用，实施民族团结平等，发展生产，支持红军北上抗日，在此建立了甘孜县博巴政府和白利、绒坝岔、孔萨区博巴政府，以及贡萨、林冲、着洛乡博巴政府。4 月，红军与甘孜寺、白利寺签订了《互助条约》，标志着康北"兴番灭蒋"为政治基础的民族统一战线的建立。6 月，红四方面军和红六军团在甘孜孜苏寺门前举行了甘孜会师。7

图 3-2 甘孜白利寺

月, 朱德、刘伯承、任弼时、贺龙等主持召开了一次团结会议——甘孜会
议, 对实现红二、红四两大方面军共同北上, 起到了重要作用。7 月 16 日,
红军总部离开甘孜, 开始北上。

红军长征在甘孜留下了丰富的文化遗存, 其中白利寺是甘孜县宗教文
化与红色文化结合的代表。该寺位于甘孜县生康乡境内, 雅砻江北崖台地上,
面积 1.9 万平方米, 始建于清康熙元年即 1662 年。白利寺坐北朝南, 属典
型的藏式古建筑。主寺为一底二楼阁楼式建筑, 土墙泥顶。寺内设讲经院、
弥勒殿、护法殿等。一层的佛殿是寺内的主要建筑, 分东西殿和大殿。二
层和三层是活佛和喇嘛的住房, 设有朱德总司令和五世格达活佛的纪念堂。
2006 年 5 月 25 日, 白利寺被国务院公布为第六批全国重点文物保护单位。

甘孜多元文化并存, 有 "歌舞海洋" 的美誉, 民间艺术丰富多彩。歌
舞、踢踏、弦子、歌庄、藏戏等富有特色, 特别是甘孜踢踏名声远播。甘
孜旅游资源丰富, 甘孜县处于甘孜州 "南北两条线" 的北线腹心地带, 藏
传佛教文化兴盛, 名山大川遍布。寺庙文化方面, 著名的格鲁派寺庙 "霍

尔十三寺"在甘孜县境内就有 6 座寺庙，著名的寺庙有白利寺、大金寺、孜苏寺。自然风景区主要有贡嘎雪山、塔公雅拉雪山、九龙伍须海、雀儿山、雅砻江景观带、营官藏寨。

- **69**

红军三大主力会师地有哪些？呈现出什么样的特色？

红军三大主力结束长征、胜利会师的地方主要是甘肃会宁和宁夏将台堡。

会宁县，位于甘肃省中部，白银市南端，地处西北内陆、黄河上游。会宁地理位置重要，自古以来是交通要道、军事重地，素有"秦陇锁钥"之称。会宁地处西北黄土高原和青藏高原交接地带，属陇西黄土高原丘陵沟壑区，平均海拔 2025 米。

会宁历史文化悠久，是古丝绸之路的重要经过地，会宁有许多重镇驿站和城堡遗址。重要遗址有张城堡西宁城、二十里铺村汉墓群、郭城驿镇郭蛤蟆城、头寨子镇马明心教堂、牛门洞"甘肃仰韶文化"遗址等。

会宁是全国红色旅游名城。它是红军长征大会师地之一，1936 年 10 月，红一、红四方面军在会宁胜利会师，是长征胜利的重要标志。10 月 7 日，红四方面军红四军先头部队两个团在军政治委员王宏坤率领下抵达会宁城，与等候的红一方面军第十五军团第七十三师会合。9 日，红军总司令朱德、总政委张国焘率领红四方面军总司令部在红一方面军部队和当地百姓的热烈欢迎中进入会宁县城。10 日，红军在会宁城文庙大成殿举行盛大的庆祝红军三大主力会师联欢大会。大会由红四方面军政治部主任李卓然主持，朱德总司令宣读《中央为庆祝一、二、四方面军大会合通电》。

会宁的相关红军长征会师旧址及纪念设施众多。会师楼及古城墙，原为会宁古城西城门，也称西津门，始建于明洪武六年（1373），现存建筑是在原址上依原貌维修的。1952 年，会宁县人民政府将"西津门"更名为红军"会师门"，命名城楼为"会师楼"。始建于明代的文庙大成殿，为红军会师联欢会旧址。还有会师期间朱德总司令的住址邢家台子，红军总政治部旧址，红四方面军总指挥部旧址，青江驿红二、四方面军会师旧址，老君坡红一、二、四方面军会师旧址，侯家川红二方面军总指挥部旧址，以及大墩梁、慢牛坡、张家堡等战斗遗址。重要纪念设施有：会师纪念塔，邓小平同志题写塔名"中国工农红军第一、二、四方面军会师纪念塔"，兴建于 1986 年，高 28.78 米，共 11 层，自下数 9 层三塔环抱，象征红军三大主力会师；红军长征胜利纪念馆，是全国唯一一座全面展陈反映各路红军长征历史的纪念馆；还有红军烈士纪念堂、红军长征将帅纪念碑碑林等纪念设施。

将台堡，位于宁夏回族自治区固原市西吉县城东南 20 千米处的将台堡镇葫芦河东岸。将台堡古代称西瓦亭，为军事要塞。将台堡最早筑于秦昭襄王时期，历代都有所修建。现残存的土堡东西长 70 米，南北宽 68 米，堡墙高 10 米，堡门建在正南面，上面镶嵌有薄一波题写的"将台堡"三个大字。

将台堡为红军主力胜利会师结束长征的另一个著名地点。1936 年 10 月 22 日，红二方面军领导人贺龙、任弼时、关向应等率领红二军团在甘肃隆德县境内的将台堡（今属宁夏西吉县），与红一方面军一军团代理军团长左权、政委聂荣臻及所属红二师官兵胜利会师。会师部队在将台堡东侧广场召开盛大的联欢会，欢庆胜利。

　　将台堡会师地现在建设成为将台堡纪念园，于 1996 年红军长征胜利
60 周年时开园。主要设施有将台堡红军长征纪念碑，落成于 1996 年 10 月，
碑高 22.5 米，碑顶雕有三尊红军头像，象征红军三大主力会师，碑身下
部浮雕八组表现中国革命胜利的情景。将台堡红军长征会师纪念馆，位于
将台堡内，以文字、图片、实物等形式，展示红军主力会师将台堡的历史。
此外，还有会师广场、将军翰墨碑林、中南海情系西海固厅、红军长征民
族工作档案馆和革命旧址公园等。

- # 70

中央红军长征胜利到达陕北有哪些重要红色地标？

　　一个是中央红军长征胜利的落脚点吴起镇，一个是与陕北红军会师地
及发表雪地讲话的甘泉县象鼻子湾。

　　吴起县隶属陕西省延安市，西北邻定边县，东南接志丹县，东北连靖
边县，西南邻甘肃省华池县。吴起县得名于战国时期著名军事家、政治家
吴起在此屯兵戍边 23 年。地形地貌由"八川两涧两大山区"构成，为黄
土高原梁状丘陵沟壑区。

　　吴起县是中央红军长征胜利落脚点。1935 年 10 月 19 日，中共中央率
领中央红军陕甘支队经过二万五千里长征胜利到达吴起镇，宣告历时一年，
纵横 11 个省，长驱二万五千里的长征胜利结束。随后，毛泽东在此部署和
指挥了吴起镇战斗，消灭了尾追之敌一个骑兵团，击溃了 3 个骑兵团，切

掉了甩不掉的尾巴，巩固了陕北革命根据地。红军长征在吴起留下了众多革命遗址遗迹及相关纪念设施。主要有会师地旧址、毛泽东旧居、胜利山、革命烈士纪念塔等。当前修建完善的主要标志性设施是中央红军长征胜利纪念园，它依吴起县胜利山"切尾巴"战役遗址而建，成为吴起的地标。纪念园于 2009 年建成对外开放，包括中央红军长征胜利纪念馆，中央红军长征胜利纪念碑，红军烈士陵园等，占地 4500 平方米。纪念园立足"中央红军长征胜利的落脚点和领导中国革命走向胜利的出发点"，是一个兼具教育、旅游、休闲功能，具有国家重点红色旅游目的地意义的纪念性主题公园。

悠久的历史赋予了吴起丰富的历史文化遗存。古城堡寨众多，吴起县古代曾是边陲重地，为各民族政权间争战之地，境内现存古城有 17 座，如定边城、宁塞城、横山城等。长城遗址独特，境内古长城遗址主要是白于山以北的明长城遗址，县城南的战国时期秦长城遗址。

吴起民风民俗体现了浓厚的陕北特色。民间歌舞方面，一是信天游，它植根于陕北黄土高原，恢宏而又凄然，刚毅而又顿挫，是陕北劳动人民精神、思想、情感的结晶，是陕北劳动人民生活的直接反映。还有铁鞭舞，起源于宋朝边关防御列阵，后来流传于民间，转化形成了农民们欢迎载誉归来的将士和庆祝丰收的民间广场舞，舞蹈激烈、欢腾、奔放，表现了吴起汉子憨厚、乐观、质朴、豪爽的气质。

甘泉县地处陕西省延安市中部，属陕北黄土高原丘陵沟壑地带，因城西南 5000 米处神林山麓有泉水而得名，有"美水之乡"之称。

1935 年 11 月 6 日，毛泽东率中央红军到达甘泉县象鼻子湾村，与徐海东、刘子丹、程子华领导的红十五军团胜利会师。徐海东向毛泽东汇报了陕北革命形势及劳山战役、榆林桥战役情况。当天下午，中央红军和陕北红军在象鼻子湾村北的洛河岸上举行了盛大的会师大会。当时大雪纷飞，毛泽东面对着 300 余名红军战士，发表了著名的"雪地讲话"。毛泽东在这里对长征进行了系统总结，宣告长征胜利结束，指出长征是宣言书，长征是宣传队，长征是播种机，同时讲了革命形势和面临的任务。当晚，毛泽东同彭德怀、叶剑英、邓小平、聂荣臻、徐海东、林彪等军队领导，研究部署了奠基礼"直罗战役"。

　　甘泉县政府相关部门对会师遗址进行保护开发，相关配套设施不断完善。象鼻子湾毛泽东"雪地讲话"旧址，通过征收 19 孔窑洞，将其中 10 孔窑洞进行文字、图片展览，3 孔窑洞进行复原展览。窑洞外广场上修建有毛泽东雪地讲话主题雕塑。象鼻子湾毛泽东雪地讲话旧址成为集住宿、体验、培训为一体的红色文化区。

71

陈毅等坚持南方游击战争的五岭地区有哪些特征？

　　五岭地区是红军长征后的主要游击战场。中央红军主力长征后，陈毅任中华苏维埃共和国中央政府办事处主任，坚持领导赣粤边三年游击战争。为掩护和策应主力红军和中央领导机关的战略转移，为长征的最后胜利，保存和发展革命骨干力量，发展和丰富游击战争经验等作出了重要贡献。陈毅等领导的南方游击战争的环境是极端险恶的，敌人重兵围剿，游击区山高林密，物资困乏，风餐露宿，时刻考验着红军游击战士。可以说南方三年游击战争同红军长征相辅相成，是中国共产党历史上最艰苦的斗争之一。

　　主力红军长征离开后，陈毅和留守的中央分局同志成立了特委，派出得力干部到各地领导游击战争，疏散了大部分伤员，并根据中央指示分九路最后突围。陈毅在长征前夕负伤未痊愈，他不顾伤痛，时常坐着担架到处布置部队的疏散转移。1935 年 2 月，他和项英等率领的队伍从上坪山区冒雨突围。当时，陈毅只能靠担架或拐杖行军。南方多雨，山路泥泞，队伍疲惫不堪，还不时遭到敌人的袭击和堵截。直到 3 月底，部队才突出重围，到达赣粤交界地带的边区油山，与特委和军分区会合，找到了落脚点。

　　转移突围的道路充满艰险，游击战争的过程更为艰辛。陈毅率部队到达油山会合当地的红军游击队，总数不足 1400 人。而国民党军是重兵压境，他们视红军游击队是眼中钉，肉中刺，未等陈毅他们站稳脚跟，便调集大军层层封锁，动用烧山、搜山、移民、封坑、兜剿等野蛮手段，企图将红军余部打死、困死在深山老林中。在强敌环伺，弹尽粮绝的艰难环境下，陈毅发动战友们捕蛇、逮野鸡、摘野果、吃树皮、挖野菜等，解决吃饭问题。陈毅和战友们一起睡在露天里，几个人合盖一条破毯子，渡过了五岭深山的寒冬。多雨的天气又困扰着陈毅和战友们，白天陈毅拄着拐杖踏着湿滑的山路到各处去指导工作。夜晚，陈毅他们衣服单薄，顶着简单的雨布，手脚冰凉，熬过漫漫长夜。这种斗争环境的险恶及指战员的革命斗争精神在陈毅写的《赣南游击词》中有生动描绘：天将午，饥肠响如鼓，粮食封锁已三月，囊中存米清可数，野菜和水煮。叹缺粮，三月肉不尝，夏吃杨梅冬剥笋，猎取野猪遍山忙，捉蛇二更长。

　　陈毅等领导的南方游击战争主要发生地五岭地区地理位置重要，自然环境险峻优美，矿产资源丰富。五岭，位于江西、湖南与广东、广西四省的边境，是长江与珠江流域的分水岭。五岭呈东北向西南走向，由西向东排列依次是越城岭（湘桂间）、都庞岭（湘桂间）、萌渚岭（湘桂间）、骑田岭（湘南）、大庾岭（赣粤间），东西长约 600 千米，南北宽约 200

图 3-3　大庾岭中段的梅岭古道

千米。五岭是南岭的突出代表性山脉。五岭在历史上长期是中原和岭南之间的天然屏障，战略位置重要。五岭之间的低谷盆地，为南北交通要道，如越城岭与都庞岭之间的湘桂走廊，为湘桂之间的战略通道，湘桂铁路即沿谷地兴建。骑田岭东侧谷地有南北铁路大动脉京广铁路通过。

　　五岭自然环境险峻秀美。五岭地区植被是亚热带常绿阔叶林，郁郁葱葱，植被茂盛，是南方用材林建设重要基地。五岭阻挡了北方寒流南下广东，寒冬时五岭南、北景象迥然不同，有"南枝向暖北枝寒"，岭北梅花刚开，岭南桃花已凋谢，气候差异颇大。大庾岭的雄关大梅关，现尚存有数里的石板古驿道，道旁多梅树，被称为"梅岭"，是江西、广东间的主要通道，为著名的风景区。越城岭的主峰猫儿山，海拔2142米，居五岭之冠，堪称"华南第一峰"。猫儿山山势雄伟，林海浩瀚，云海、佛光四季可见，自然景色秀丽壮观。

　　五岭地区矿产资源丰富。南岭地区是中国著名有色金属产地。其中钨、钼、锡、铅、锌等尤为丰富。庾岭山脉为著名钨矿产地，储量占中国的1/2以上，仅大余县境就有国有四大钨矿，大余被称为"世界钨都"。

第四篇

数字赋能

72

数字科技对长征国家文化公园建设有何价值？

一是有利于长征文化资源的保护传承与研究发掘。长征文化资源的核心是长征文物，包括可移动文物和不可移动文物。由于沿线地方经济发展水平较低且不平衡，人们对长征历史和文物认识水平有限，在过去一段时期，长征文物被自然或人为破坏的现象不时发生，有的人和物已经不复存在。数字科技可以为长征文化资源的挖掘和保护提供强大动能和手段。数字修复可以还原消失或缺损的文物，再现长征文物的完整链条。

二是丰富长征国家文化公园的文化形式，增强长征国家文化公园的文化吸引力。传统的长征沿线文物展陈利用方式落后单一，以静态的文物和图片展示为主。再加上长征文化本身政治性强，长征文物本身艺术观赏价值不足，长征文化设施参与性、娱乐性不足。这些导致了长征文化对受众特别是广大青少年群体的吸引力不足。利用数字科技展示长征可移动和不可移动文物，可以使类型多样静止的长征文物"活"起来，提升长征文物和文化资源的展示与传播效果，助力长征文化和长征精神传播超越时空，推进长征文物资源信息在更大范围开放共享。

三是深化文旅融合，激发长征国家文化公园文旅消费活力，增强长征国家文化公园的经济效益。传统的长征沿线红色旅游产品缺乏，对游客消费吸引力不足，经济效益不高。随着数字时代的到来，人们的消费观念、消费方式都发生了变化。结合数据挖掘、人工智能等科技要素，能精准描绘长征国家文化公园内游客的特征，强化长征文化对旅游的内容支撑、创意提升和价值挖掘作用，提升旅游的文化内涵，实现"千人千面"的精准营销和"心有灵犀"的消费体验。有针对性地推出一批高品质网络长征文化产品，打造更多具有广泛影响力的数字长征文化品牌，以优质数字长征文化产品引领青年文化消费，满足人民群众多元化、个性化的文旅消费新需求。

四是增强长征国家文化公园的国际影响力、传播力。长征国家文化公园是国家的象征，承载着民族文化的内涵，是传播中华优秀文化，增强人们对中华文明和民族精神认同感的重要载体。传统长征文化传播手段、表现方式单一，受众群体单一，缺乏精准度。这些导致了长征文化国内外影响力不足。习近平总书记在主持十九届中央政治局第三十次集体学习时强调"讲好中国故事，传播好中国声音，展示真实、立体、全面的中国"，是加强我国国际传播能力建设的重要任务。利用 VR、AR、MR 等扩展应用技术应用于长征国家文化公园展示，为全世界立体全面了解长征文化创造了一个云上的传播空间。利用 3D 动漫、网络小说、短视频等，精心打造富有中国元素的长征国家文化公园 IP，为全球观众讲好中国故事、为中国文化对外传播提供了新路径；利用大数据分析，可以精准了解国内外受众认识长征国家文化公园的知识背景和认知框架，借助目标地域不同受众熟悉的文化符号，建构情景化的文化认同场景，增强长征国家文化公园对海外观众的传播效果。

五是能有效提升公共服务与行业管理水平，助推国家治理体系和治理能力现代化水平。传统的长征国家文化公园沿线纪念场馆和旅游设施，存在系列问题，如管理方式单一、各自为政、低水平重复建设、管理粗放等。以 5G、大数据、通信、遥感等信息技术为依托，构建长征国家文化公园文物大数据平台、文旅企业市场监管平台，动态监测长征文物的挖掘保护及各大公园的运营情况，进行政策引导，提升长征国家文化公园公共服务效能和公共管理效率，打造长征国家文化公园高质量建设的标杆和样板工程，可为推进国家治理体系和治理能力现代化提供智慧和经验。

◎ 延伸阅读

长征国家文化公园的数字再现工程

长征国家文化公园的数字再现工程建设目标主要有 3 个方面：一是加强长征国家文化公园数字基础设施建设，逐步实现主题展示区无线网络和第五代移动通信网络全覆盖。二是利用现有设施和数字资源，建设国家文化公园官方网站和数字云平台，对长征文物和文化资源进行数字化展示，对长征中相关的历史人物、诗词歌赋、文物遗址、典籍文献、纪念设施等关联信息进行实时展示，打造永不落幕的网上空间。三是依托国家数据共享交换平台体系，建设完善长征文物和文化资源数字化管理平台。

- 73

哪些新技术可以应用到长征国家文化公园的建设之中?

5G,即第五代移动通信技术,是具有高速率、低时延和大连接特点的新一代宽带移动通信技术。该技术可以满足高清视频、虚拟现实等大数据量传输。5G 在长征国家文化公园建设与运营中具有广泛的应用空间,特别是在智慧文旅、智慧景区、智慧文博等方面将发挥重要作用。5G 智慧文旅应用场景主要包括景区管理、游客服务、文博展览、线上演播等环节。如 5G 智慧景区可实现景区实时监控等,提供 VR 直播观景、沉浸式导览及 AI 智慧游记等创新体验;5G 智慧文博可支持文物全息展示、"5G ＋ VR"文物修复、沉浸式教学等应用,赋能文物数字化发展,深刻阐释文物的多元价值。

幻影成像技术是基于全息科技的成像技术。它把"实景造型"和"幻影"的光学成像结合,将物体的全息影像投射到透明介质上,让观者产生 3D 立体观感,提升视觉效果。幻影成像的优点在于成像逼真,立体特效炫酷,观众不需要佩戴 3D 眼镜就能够达到以假乱真的效果。幻影成像技术现已在国内外博物馆、名人故居、城市展示馆等中有了比较广泛的应用。如遵义会议纪念馆通过该技术,让参观者观看并体验遵义会议召开的全过程。

虚拟现实技术(下文简称"VR")是仿真技术的一个重要方向,是仿真技术与计算机图形学、人机接口技术、多媒体技术、传感技术、网络技术等多种技术的集合。它具有多感知性、存在感、交互性和自主性等特点。VR 所具有的临场参与感与交互能力可以将静态的艺术,如油画、雕塑等转化为动态的,可供观赏者进行多层次、多角度的欣赏;VR 可弥补传统房屋展示的平面化、静态化的不足，让客户进入虚拟的建筑空间，如同身临其境；此外，VR 在军事模拟、地形地貌展示等方面运用广泛。VR 现已被相关纪念场馆充分运用，如延安革命纪念馆、中国国家博物馆等，制作了许多数字展览产品。长征沿线一些地区也在开展 VR 体验工程，如四川省相关部门正在设计 VR 强渡大渡河项目工程。

大数据技术指的是所涉及的资料量规模巨大到无法透过主流软件工具，在合理时间内达到获取、管理、处理并整理成为供决策的资讯。大数据具有海量的数据规模、快速的数据流转、多样的数据类型和价值密度低四大特征。大数据技术的意义在于掌握庞大的数据信息，同时对含有意义的数据进行专业化处理。大数据与云计算的深度结合是未来趋势，云处理为大数据提供了弹性可拓展的基础设备，是产生大数据的平台之一。

AI 语音技术是机器自动将人的语言转成文字的技术，利用语音识别、语音合成、语义理解等人工智能技术，通过拟人化的语音、文字等方式与客户进行自然流畅的交互，从而提供自主在线问答、咨询、业务办理等服务。AI 语音技术在各类纪念场馆中应用具有多重优势：一是制作成本低、时间短；二是音色、语种丰富多样，讲解效果足以媲美真人效果，以满足不同游客群体的听讲需求；三是更新维护方便，快速适配不同展览主题。

74

在各地革命纪念馆中，开发"数字博物馆"的展陈应用实例有哪些？

　　各地革命纪念馆通过创新数字化展陈手段，立体呈现长征精神，推动"云展览""云旅游""云直播"等线上新业态，重现长征历史，全时空再现长征故事，使游客沉浸式体验"红色之旅"，更深层次理解长征路线和故事，弘扬长征精神。

　　在纪念红军长征胜利 80 周年之际，延安革命纪念馆承办"伟大长征辉煌史诗——纪念中国工农红军长征胜利 80 周年展览"。此次展览按照历史编年体与专题相结合的方式，将红军长征分为"中央红军战略大转移""伟大的历史转折""北上抗日、到陕北去""落脚陕甘根据地""高举抗战旗帜、三军胜利会师""长征精神、光耀千秋"6 个部分，共展出

图 4-1　延安革命纪念馆"数字博物馆"主界面

历史照片 350 余幅、文物近 300 件。馆方为此次专题展制作了线上展览，全国各地的观众可以通过网络点击浏览的方式，在云上观展。延安革命纪念馆又在其官方首页推出了"数字博物馆"板块，运用"科技助展"的策划思路，依托图片、文字、声音、视频等多种形式，全方位呈现展馆环境、展馆实物、展板内容、展陈物件等，充分挖掘和提升了纪念馆的红色历史文化价值。

2016 年 9 月 22 日，中国国家博物馆主办的"信念精神传承——纪念红军长征胜利 80 周年大型馆藏文物展"开幕。展览共由 6 个部分组成，分别是"战争史诗""军民情谊""艰难岁月""长征记录""丰碑永存""长征画卷"。展览围绕长征精神所体现的不怕牺牲、严守纪律、紧密团结、艰苦奋斗、患难与共、坚守理想和信念等内容，用战斗的武器、布告、木板标语、漫画、地图、歌曲诗篇、学习课本、烈士手稿、红军家信等多种类型的文物，以及馆藏美术作品 300 多件，多角度全方位展现红军指战员长征中的战斗、生活、学习和互助的场景。展览结束后，馆方将此线下展"搬"到了线上，观众可以通过中国国家博物馆官方网站便捷进入，打造永不落幕的长征文物展。

在纪念长征胜利 80 周年之际，中国军网和中国人民革命军事博物馆文物部合作，精选 80 件馆藏长征文物进行"环物演示"，即运用摄影技术把一件产品拍摄成多个画面，再将多个画面用三维技术制作成一

图 4-2 长征文物"中国红军夷（彝）民沽鸡支队"队旗的 360° 环物演示界面

个完整的动画并通过相应的程序进行演示，用户可以随意拖动鼠标，从各个角度观看产品的每一个部位和结构。这些文物包括红军的第一部电台、长征途中的一把七星刀、红军过雪山草地用过的饭盒、跟着朱德走过草地的望远镜、红军长征路上打满补丁的防寒衣、反映彝海结盟的中国彝民红军沽鸡支队队旗、红军遗留在马尔康的金瓜手榴弹、中央红军进入草地时红一军首长用来充饥的皮带等。网友可以在手机或电脑上，通过手指、鼠标，近距离、360 度"触摸"文物，在交互式体验中了解长征文物背后的重大历史事件和鲜为人知的历史故事，重温红军长征的悲壮与豪迈。

------------------------------------- # 75

各地长征数字展馆的建设情况如何？

即将开馆的贵州长征数字科技艺术馆作为贵州长征国家文化公园项目的一部分，位于贵阳双龙航空港经济区多彩贵州城内，建筑面积约 5.3 万平方米。该馆综合运用全息影像、虚拟现实、三维声场、机械舞台等最新科技手段，从多重叙事角度，完整呈现长征历程，沉浸式、全时空讲述长征故事，演绎长征文化新时代价值。该馆涵盖五大场馆，即新时代新长征时空回响影像馆、无名的英雄和血火洗礼全息沉浸式纪念馆、砥砺征途互动行进式体验馆、伟大转折场景还原式剧场和胜利丰碑机械特效剧场。

在建筑外观设计方面，贵州长征数字艺术馆突出"地球的红飘带"的"一带"的概念，即长征史诗长廊及景观带。将建筑物的内部空间与外部广场和景观作为一个有机的结合体，建筑形体设计以"中央红军长征路线图"作为主题，设置两条南北方向的红飘带，这两条红飘带在基地南侧承担建筑物的屋面或墙面，在北侧成为景观的栈道，实现建筑和景观的有机结合。

在艺术创作方面，科技艺术装置《红飘带》作为一条关键的线索，贯穿观众的整个体验过程。观众在场馆内能隐约看到一条虚拟的红飘带出现在无名英雄的地面上、血与火洗礼的微光中和胜利丰碑的旗帜下，这象征着长征中始终指引前进的革命理想。

在长征历史内容的数字呈现方面，长征数字科技艺术馆将传统与创新相结合，对长征故事进行数字"转译"，为大众打造文化体验和文化记忆。场馆建筑面积超过 5 万平方米，几乎没有长征相关的实体文物，全部采用数字科技手段全景呈现长征全过程和新时代新长征。在超大全域沉浸式光影空间中，分别让观众有置身激烈的战争场景和残酷的雪山草地之中的体验。在无名的英雄展厅，通过全息影像再现红军战士鲜活的面孔和身影。在血战湘江片段中，利用影像的变化让观众跟随战士视角从岸上落入水中，在激烈的战斗和弥留之际的回忆中切换，最终的爆炸让一切归于沉寂。

伟大转折展厅作为重点呈现内容，将全维度运动场馆、机械帷幕矩阵、全息影像、环境互动和历史场景数字化再现等多种技术手段相互配合，让观众亲身体验红军长征中以四渡赤水战役为代表的以少胜多、变被动为主动的光辉战例。此外，在飞行影院和新时代新长征展厅中，观众可以直观领略贵州大地的秀美风光、人文风情和建设成就，感受长征精神在新时代的弘扬。

四川红军长征数字展示馆位于四川省邛崃市天台山镇高兴村，是全国首批 11 个长征文化展示馆重点场馆之一，也是四川长征国家文化公园两大重点工程之一。该馆从 2019 年开始立项建设，建筑外观空中俯瞰呈巨大的红色五角星，在阳光的照耀下，在苍翠青山的映衬下，格外庄严壮丽。展示馆分两层，共 4 个展示厅、1 个报告厅，主要分布在二层五角星的五

图 4-3　四川红军长征数字展示馆

只角内。4 个展示厅的主题内容分别是红军长征总概述、红军长征在四川、红军长征在成都和震撼世界的长征。

　　四川红军长征数字展示馆，是我国首次采用长征战史视角、民族团结视角和国际视角进行展示，也是首次将专题式讲述和数字式展示相结合的展示馆。该展示馆即将建成开放，将采用多媒体和数字技术相结合的展示技术，再现红军长征的宏大历史场景，让游客沉浸式体验和感受红色文化。

76

自媒体与社交媒体在传播长征文化方面有何优势？

　　自媒体也称为"公民媒体""个人媒体"，是指私人化、平民化、普泛化、自主化的传播者，以现代化、电子化手段，向不特定或特定的单个人传递信息的新媒体总称，具有门槛低、易操作、交互强、传播快、个性化等特点。当前长征文化的自媒体主要有微信和微博。

微信是腾讯公司于 2011 年推出的为智能手机提供即时通信服务的应用程序，微信公众号是微信通讯功能的扩展和延伸。长征沿线的一些纪念馆开设了微信公众号，如遵义会议纪念馆推出微信公众号"遵义会议纪念馆"，定期发布关于遵义会议与长征的展讯、培训及学术信息。甘肃宕昌县哈达铺红军长征纪念馆微信公众号"哈达铺红军长征纪念馆"，定期推出红军长征历史知识，向读者讲述各路红军长征到达哈达铺的故事。以个人为主体的长征微信公众号如"长征伴我行"，专注于记录中国长征日记与弘扬长征精神，定期推动田慧敏《长征日记》的内容，并设有长征部队、长征人物、长征会议、长征战役、长征故事等长征专题信息，及长征音视、长征诗书、长征数据等综合信息资料。

微信读书是基于微信关系链的阅读应用，为用户推荐合适的书籍，用户可以进行书籍检索、阅读点评，并可查看微信好友的读书动态，与好友讨论正在阅读的书籍等。微信读书关于长征的书籍不断增多更新，如吴笛主编的《长征：1934—1936》、王树增的《长征》、刘统的《红军长征记：原始记录》、石仲泉的《长征行》、曲爱国的《长征记》、孙新的《长征新观察—红军长征若干重大历史问题辨析》、武国友主编的《红流纪事：生死大穿越二万五千里长征》、程中原的《毛泽东、张闻天与长征胜利》、赵巳阳主编的《献给世界的壮丽史诗—外国人看长征》等，这些经典长征著作，读者可以在微信上阅读、点评、分享。

微博是基于用户关系的信息分享、传播以及获取平台，最明显的特征是由个体构成传播中心、内容自由度较高，优势在于简单易用、主动性和及时性强、平台的多样性和开放性。国内影响较大的是新浪微博，它对长征历史文化的传播主要集中于长征沿线地区，特别是对长征国家文化公园不同区段著名旅游景点资源介绍、革命老区脱贫攻坚和乡村振兴介绍，以及长征历史人物和重大事件的介绍。在新浪微博超级话题社区有"新时代新长征""红色长征路"等用户关于长征历史与新长征感悟的分享与讨论。

77

如何通过手机应用程序了解长征文化？

日常生活中我们经常接触到 App，其全称为 Application，指的是智能手机的第三方应用程序，通常称为"移动应用"，也称"手机客户端"。市场上的 App 种类多样，包括资讯类、游戏类、娱乐类、社交类、实用生活类等。其中，游戏类是目前市场上较受欢迎的、下载量较高的手机 App 应用。其次是社交类，如微信、QQ 等。App 的优势在于简化获取信息的路径、降低获取信息的成本。

资讯类 App 中，如"今日头条"，由北京字节跳动科技有限公司推出。用户只要在"今日头条"搜索栏输入"长征国家文化公园"，就会接收到最新的信息。游戏类 App 中，如长征主题游戏《前进之路》(详见第 81 问)。实用生活类 App 中，"长征源于都 App"是由中共于都县委、于都县人民政府打造，于都县委宣传部主管，于都县融媒体中心主办的一个全媒体宣传阵地，其中的"红色"栏目定期更新红色故事、党史知识。

微信小程序，简称"小程序"，是一种不需要下载安装即可使用的应用，它实现了应用"触手可及"的梦想，用户通过扫一扫或搜一下即可打开应用。微信小程序也体现了"用完即走"的理念，应用将无处不在，随即开用，但又无需安装卸载。小程序能够实现消息通知、线下扫码、公众号关联等七大功能。

"长征文物地图"是关于长征的经典微信小程序。长征文物地图是由国家文物局主导，北京清华同衡规划设计研究院、中国联通四川公司、北京电影学院、中国地图出版社共同实施的"互联网＋长征"示范项目。

"长征文物地图"小程序于 2021 年 8 月 1 日上线。该线上应用以全国基础地图数据为基础，整合专家论证的全国 15 个省（直辖市、自治区）的长征文物、长征路线及长征沿线发生的历史事件等数据，采用移动小程序以动态专题地图的形式展示长征要素的分布和内容等信息，并实现了基于地图的长征文物、事件等要素的可视化展示、查询、定位、搜索、上报等功能，用时空地图的方式讲好长征故事，传播长征文化。

图 4-4 "长征文物地图"小程序手机界面

"长征文物地图"小程序是目前全国首个长征线上应用产品，实现了全国 1600 余处长征各级文物的地图可视化呈现，实现了长征沿线"重大事件、重要人物、重头故事"的时空展示，实现了长征疑似文物、长征文物险情的规范化上报和管理。该小程序能够帮助管理者更好掌握长征资源信息和进行全方位的战略部署，让用户能够在"时空地图"中更清晰全面的了解长征文物、学习长征文化。

"长征文物地图"线上应用项目，成为中国地图出版社在"长征文化公园"信息化建设方向的示范工程，为开展长征国家文化公园整体规划建设提供了实施经验和技术积累。

长征国家文化公园相关建设单位也在借助微信小程序进行文旅推介。如长征国家文化公园（重庆段）石壕红魂小镇推出的"石壕 1935"小程序。进入小程序页面，用户可以通过页面的"红色传承""红色旅游""乡村旅游""乡村民宿""生态美食""户外周边""特产商城"等栏目，全面了解石壕丰富多彩的长征文化资源及相关人文风情。

此外，相关单位开发的"线上重走长征路"系列微信小程序，通过线上线下结合的方式，为人们在日常工作和学习中了解长征文化知识、感受长征精神，提供了健康、有趣且便捷的渠道。2021 年，江南大学在全校开展"线上重走长征路"活动，师生员工通过关注"江南大学"微信公众号，进入消息页面，点击"互动社区—重走长征路"，即可进入小程序。路线设计为从瑞金出发，到会宁会师，最后抵达延安。用户需定期登录小程序导入微信运动内的运动数据。参与者每天可通过每日习语、每日答题、今日党史和观看视频 4 个模块获得额外步数奖励。2022 年，安徽六安金安经济开发区管理委员会也开展了线上重走长征路的活动。参与者每天微信运动的数据将会导入"我的活动云"小程序，用"步数换里程"的方式模拟行走二万五千里长征路。参与者在行走过程中，走到每一个点，系统会对应显示出这个长征点的历史知识，每达到一定里数，还可以获得一枚具有金安特色的打卡勋章。

78

各地利用虚拟现实技术再现长征的代表性成果有哪些?

华东理工大学开创"VR 重走长征路"，将虚拟现实技术应用于长征精神的传承当中。2019 年暑假，华东理工大学组建了"薪传七十载，重走长征路"社会实践团队。该团队平均年龄 21 岁，历时 5 个月，跨越于都、瑞金、遵义、赤水、寻甸、延安等 9 个长征节点地区，通过 VR 虚拟现实技术和全景照片，生动还原长征沿线纪念馆场景。体验者可以在线上游览各大红色场馆，学习长征知识，也可以通过 VR 设备实现线上重走长征路，体会当年红军翻雪山、过草地的艰苦。未来，华东理工大学将在现有基础上继续补充和完善"VR 重走长征路"计划，逐步完成长征沿线主要革命纪念馆和遗址的数字化资源建设，实现随时在线参观长征沿线的重要革命纪念馆。

安徽佩京科技研发的"VR 党建长征系列(5 合 1)"，通过 VR 全景浏览，观众可以跟随队伍，一起重走长征路。观众戴上 VR 眼镜体验虚拟现实，沉浸式感受爬雪山、过草地、飞夺泸定桥、国共会战、长征胜利会师等场景。VR 红军爬雪山——体验者跟随红军的步伐，在风雪交加的恶劣天气下，走在雪山岩壁边缘艰苦前进，亲历身边的战友不慎坠崖的情景；VR 红军过草地——体验者跟随红军的步伐，从北川毛尔盖出发，进入若尔盖沼泽草地，体验草地的艰难，遍地沼泽泥潭，暴雨激流险滩，缺氧饥饿严寒，风餐露宿无眠；VR 红军飞夺泸定桥——体验者为红军一员，与红军们摸黑冒雨前进赶在清晨到达泸定桥，模拟作战。拿起冲锋枪还击敌军，和红军一起爬铁索桥；VR 国共会战——体验者戴上 VR 设备，通过角色扮演，跟随红军队员，亲历红军遭遇围追堵截，生离死别，在虚拟世界中接受战争洗礼，亲身体验先辈的革命精神；VR 胜利会师——体验者在虚拟环境中充分利用各种感知功能，深刻体验三军会师的场景。

贵州赤水利用 VR 技术让观众体验红军四渡赤水。2016 年 9 月 30 日，"四渡赤水"红色文化体验暨赤水 VR 数字旅游项目启动新闻发布会在赤水市举行，该项目利用 VR 虚拟现实技术，真实再现 1935 年红军长征途中的"四渡赤水"战役。该项目利用赤水市丙安古镇的历史背景，在赤水游客中心建造实体馆，分三个战役环节，分别是血战赤水桥、渡江掩护战和生死救援。通过 VR 技术，将红色景区在虚拟现实中进行还原，让游客穿越时间和空间限制，用第一人称的视角深度体验当年的历史。如在体验的过程中，游客可扮演一名红军班长。脚下是晃动起伏的悬桥，迎面而来的是凶恶的敌兵，身边有老练果敢的连长和前赴后继的战友。在体验过程中，游客需要克服脚下软桥晃动的同时，端稳冲锋枪迎战敌人，随时扭动身体躲避迎面飞来的子弹。还要躲避敌机的轰炸，瞄准飞来的手榴弹和敌人敢死队的自杀攻击。

重庆建筑科技职业学院党员学习教育基地长征精神 VR 体验区。在长征精神 VR 体验区，参观者戴上 VR 眼镜通过虚拟现实技术，可以体验红军当年过草地、爬雪山、强渡大渡河等场景，通过体感手柄体验"雪崩的震动""救助同伴"等交互场景，在体验中了解长征知识，传承长征精神。

79

遵义会议纪念馆在数字展陈方面有哪些新的尝试?

遵义会议纪念馆充分利用幻影成像、半实物仿真技术及数字展示还原红军在遵义的历史场景。在陈列馆一楼显要位置通过幻影成像技术还原遵义会议召开的情景。幻影成像是将拍摄制作的关于遵义会议的相关影像投射到布景箱中,动态立体演示遵义会议的发展过程。为使得内容接近历史真实,直观形象,遵义会议纪念馆在制作遵义会议幻影成像时,还邀请了许多遵义会议参加者的特型演员加入演出,为观众生动形象还原了遵义会议召开时的惊心动魄场景。

对于遵义会议之后红军进行的娄山关战斗场景,遵义会议纪念馆则用基于多媒体和半实物仿真技术的半景画方式呈现。半景画是多媒体技术结合传统的半实物仿真技术,衍生的一种新型媒体手段,表现某一重大题材的一种综合性艺术陈列形式。它将平面场景和立体场景融为一体,将油画、地面雕塑、投影影像、灯光音响等表现元素完美结合,可形象生动地再现历史场景或重大事件。

在遵义会议陈列馆一楼一个巨大空间里,精心布置了娄山关多媒体半景画。它展现了红军在地形险峻的娄山关同敌人激烈战斗的场面,火光冲天,硝烟弥漫,枪炮声连绵不断,呐喊声响彻山谷,战士们正在发起猛烈冲锋。多媒体半景画和红军人像通过 20 多台投影仪的配合,在声、光、电效果的渲染下,生动再现了娄山关大捷的战斗场面,使参观者有身临其境之感。

此外,遵义会议纪念馆还通过 VR 虚拟现实技术,把遵义会议纪念馆

图 4-5　遵义会议陈列馆数字展馆界面

周边环境及遵义会议陈列馆的展览用数字技术呈现，让观众足不出户，沉浸式 360° 全景网上浏览遵义会议纪念馆相关设施及展览。

80

关于长征的三维动漫作品有哪些？

三维动画又称"3D 动画"，它不受时间、空间、地点、条件和对象的限制，运用各种表现形式把复杂、抽象的内容、科学原理、概念等用集中、简化、形象、生动的形式表现出来。三维动画技术模拟真实物体的方式使其成为一个有用的工具。在影视制作方面，三维动画制作的战争爆炸、惊险地形、下雨下雪等场景，能够给人耳目一新的感觉。以长征历史为背景，结合三维动画技术，国内创作发行了系列长征主题 3D 动画作品。

3D 动画电影《冲锋号》由中央党史和文献研究院、西安市委宣传部、西安曲江新区管委会、西安曲江宏梦卡通影视文化传播有限公司、湖南蓝猫动漫传媒有限公司等联合制作，于 2013 年出品。讲述了一个流浪少年虎子在长征期间，从一个淘气的孩童，成长为一名坚定的红军战士的故事。从少年儿童的角度，解读和展现了长征中一批少年儿童在共产党的引领下励志成长的经历。《冲锋号》运用立体视觉技术，通过一系列立体影像、仿真特效、声效模拟，是一部有别于其他红色电影的视觉盛宴，开创了红色动画电影的新视界。

3D 动画片《长征先锋》于 2021 年 10 月 18 日在优漫卡通卫视正式上线，由江西省赣州市兴国县携手功夫动漫打造。该片通过构建长征途中一支优秀的特战分队"兴国之剑"，集中展现了红军战士不怕牺牲、排除万难争取胜利的革命精神和信念。该片主要剧情是：1934 年 9 月，党中央决定中央红军实施战略转移。肖强遵照中革军委副主席的命令，将队伍整编为"兴国之剑"特战分队，为中革军委执行先锋侦察和特种作战任务。众人在肖强带领下，高呼"利剑除魔，百战兴国！"为红军探听情报，开山辟路。历经强渡乌江、娄山关战役、四渡赤水、彝海结盟、强渡大渡河、飞夺泸定桥、爬雪山、过草地等战役，帮助红军大部队顺利转移。最终，毛主席通过"兴国之剑"找到的报纸，得到关键消息，明确了红军长征的目的地，胜利完成了转战，顺利到达陕北。

长 征
国家文化公园 100 问

81

反映红军长征的经典网络游戏有哪些?

《长征online》由烽火游戏历经两年的辛苦研发,以红军长征史实为基础,改编的MMORPG（大型多人在线角色扮演游戏），是一款纪念长征胜利70周年而开发的民族网络游戏。游戏技术性特色体现在采用烽火游戏自主开发的成熟引擎,用写实的画面风格,再现了红军长征历程。游戏采用容易上手的操作方式,简单而快捷。对于一般的玩家和新手来说,这些瞬间就上手的技能系统,简易的快捷键设定,能让玩家迅速进入游戏世界。游戏画面场景华丽,制作精致,历史战场出现的各种各样的长枪大炮,通过音乐音效配合呈现的硝烟滚滚的战场,都增加了游戏的真实感。

《长征online》的第一个版本"四渡赤水"是从红军遵义会议开始,

图 4-6 《长征 online》游戏界面

166

描写了红军一渡赤水、二渡赤水直到四渡赤水胜利的战斗过程。玩家在游戏中扮演一名青年，通过亲身经历感受到了红军是人民的武装，是为百姓造福的队伍后光荣加入了红军队伍。在红军四渡赤水躲过国民党军拦截、胜利会师的过程中，玩家可以亲身经历当时的历史事件，经历那些没有被历史记录甚至不为人知的感人故事。玩家可与心目中伟大的领袖共同作战，和其他玩家扮演的红军战士一道接受任务，奔赴前线，奋勇杀敌。同时，玩家还能亲身经历长征过程中，红军战士和老百姓许多感人的故事，和红军队伍一起成长。

《重走长征路》是在 2016 年红军长征胜利 80 周年之际，由北京六趣网络打造的关于纪念红军长征的文字冒险游戏，以红军第五次反"围剿"失利为背景，玩家需要扮演指挥官，带领红军队伍走下去，做的每一个决定，都将影响故事的结局。如你可以选择长征或其他支线剧情，留着跟陈毅、项英打游击。如果选择长征，在路上你随时会遭遇敌军的围追堵截，千万不能冒进，也不能太怯懦，否则就会失去机枪打飞机的立功机会。一味顾及自己的性命，不肯为他人牺牲，是不能活下去的，比如被空袭时只顾自己隐蔽，仍然会因为一头驴子的暴露而全员牺牲。

图 4-7 《重走长征路》游戏界面

　　长征主题游戏《前进之路》，由龙岩市永定区委、区政府联合北京仟憬网络科技公司在 2021 年共同推出。这款游戏将长征历史故事和卡牌玩法相结合，让玩家在重走长征路的过程中以新视角了解革命历史和革命精神。该游戏在题材上，游戏创作团队在创作前阅读了大量关于长征的论著，如《图说长征》《中国共产党简史》，观看了《长征》《日出东方》等影视，邀请党史专家指导，保证游戏内容符合历史真实。在美术风格选择上，研发团队一开始设定十余种风格，提高全年龄层、不同社会群体对游戏画风的接受度。在玩法设计方面，使用轻度卡牌这种学习成本较低、适合大众上手的版本。游戏突出沉浸感，重视交互性。游戏内嵌的风物志系统，将长征途中的标志性历史人文景观设计成可收集的拼图，鼓励玩家在游戏中深入了解这些重要地点的风貌特色与历史意义。此外，游戏中设置长征问答、党史答题系统，将历史知识的学习融入玩家的游戏过程中，并设置通关奖品作为参与激励，让玩家积极地去了解游戏里丰富的长征历史知识。

图 4-8　长征主题游戏《前进之路》界面

82

长征文献的数字化及其前景如何?

　　文献的数字化主要指纸质文献的数据化,是指采用扫描仪或者数码相机等数码设备对纸质标准文献进行数字化加工,转换成数字信号或数字编码,将其存储在磁盘、光盘、硬盘、云盘等载体上并能被计算机识别的数字图像或数字文本的处理过程。文献数字化有多方面的价值。各地纸质文献存放、保护条件和环境差距很大,文献数字化有利于文献的保护,能够在很大程度上减少文献的损坏或者遗失。纸质文献分散各地,并且更新较快,读者获取不便。文献数据化有利于满足读者用户的需求,能够准确、快速地为用户提供相应的文献信息,让更多的读者共享各类文献资源。

　　文献的数字化依赖相关技术,如数字图像处理技术、多媒体技术、数字内容管理与发布技术、3S(遥感、地理信息系统、全球定位系统)技术、网络技术、三维技术、虚拟现实技术等。

　　国内外文献数字化早已开展,如美国在 2000 年已启动"美国记忆"项目,旨在对美国国会图书馆和其他文献机构最有价值的历史文化资源进行数字化保护,让超过 500 万份的文献资料数字化并在国会图书馆网站向大众开放。国内文献数字化发展较快,以陕西师范大学相关专家学者为核心的团队完成了"汉籍全文检索系统"软件。北京书同文电脑技术有限公司开发了《文渊阁四库全书》电子版。

　　相对于中国古典文献而言,长征文献的数字化刚刚起步。一些专业的网络数据库如读秀、中国知网、党史党建数据库、大成故纸堆——中共党史期刊数据库等提供了相关长征文献的检索、阅读、下载、文献传递等服务。但目前尚未有关于长征文献的专门数字化平台及网络检索系统。

长征文献内容丰富。从长征文献的主体而言，涉及参加长征的中央红军、红二、红四、红二十五军，以及留守苏区坚持南方游击战争的红军部队。从长征文献涉及的地域而言，各路红军长征经过的 15 个省（区、市），特别是地方党史史志部门编辑的长征文献资料。从长征文献的内容形式而言，包括长征电文档案、长征日记、长征回忆录、长征期刊、长征图片、长征研究论著等。从长征文献的载体而言，有纸质的，也有声音和影像的。从文物的属性来看，有可移动的长征文物，也有不可移动的分布在各地的长征遗址遗迹。这些文献内容多样，数量众多，分布广泛，有必要进行数字化处理，创建长征文献检索系统。

目前从中央到地方、从党史研究部门到相关高校，对长征文献的搜集整理取得了显著成果，形成了一批较为系统全面的长征纸质文献。如在长征胜利 80 周年之际，解放军出版社出版的《中国工农红军长征史料丛书》（共 15 册）和《长征绘本丛书》；中共党史出版社出版的《红军长征纪实丛书》（共 10 册）；相关专家学者编辑出版的如江水主编《长征画典》，刘益涛、张树军主编《今日长征路图集》等。这些文献资料的编辑出版为长征文献数字化奠定了坚实基础。

创建长征文献检索系统，实现长征文献的数字化，对于进一步系统搜集整理保存长征文献，进行长征文化的研究、宣传和教育具有重要意义。同时，进行长征文献的数字化工程，打造长征文献检索系统，也是长征国家文化公园建设的重要内容之一。基于大数据技术的发展和长征文献搜集整理工作的不断完善，长征文献数字化必将展现光明的前景。

第五篇

时代精神

83

什么是长征精神？

　　伟大的长征孕育了伟大的长征精神。中国共产党人和红军将士在这一伟大的征程中，表现出了崇高的革命精神，那就是长征精神，即把全国人民和中华民族的根本利益看得高于一切，坚定革命的理想信念，坚持正义事业必然胜利的精神；为了救国救民、不怕任何艰难险阻，不惜付出一切牺牲的精神；坚持独立自主、实事求是，一切从实际出发的精神；顾全大局、严守纪律、紧密团结的精神；紧紧依靠人民群众，同人民群众生死相依、患难与共、艰苦奋斗的精神。

长征精神是中国共产党人世界观、人生观和价值观的全面展示，是以爱国主义为核心的民族精神的最高体现。革命理想高于天，是长征精神的生动写照。坚定的革命理想信念，是党的性质和宗旨的集中体现，它如一盏永不熄灭的明灯，指引着红军将士坚持革命方向，坚信正义事业必然胜利，在惊心动魄的长征路上不断战胜各种风险考验。

不怕艰难险阻、不怕牺牲，是党和红军崇高人生观、价值观的集中体现。长征中，党和红军遇到了无数令人难以想象的困难，之所以能够克服，就是因为党领导下的红军将士不怕任何艰难险阻，不惜付出一切，乃至牺牲自己的生命。有了这种革命英雄主义气概，红军始终打不倒，压不垮。

独立自主、实事求是，是红军长征取得胜利的关键。长征中召开的遵义会议是我们党同共产国际中断联系的情况下召开的，会议作出的重大决策都是我们党独立自主、实事求是、坚持一切从实际出发取得的。长征的历史昭示，必须坚持独立自主、实事求是，马克思主义才有生机和活力，才能解决中国革命的实际问题，不断开辟中国革命的新局面。

顾全大局、严守纪律、紧密团结，是党和红军始终保持坚强凝聚力、战斗力的重要保障。党和红军在同强大敌人和恶劣自然环境，以及党内各种非马克思主义思想的斗争中，形成了顾全大局、严守纪律、紧密团结的优良传统和作风。这些优良传统和作风，成为党和红军精神世界中不可分割的重要组成部分，使红军成为具有坚强凝聚力、战斗力的革命队伍。

坚持群众路线，是党和红军克服困难、战胜敌人的力量源泉。长征胜利最根本的原因是人民群众的大力支持。红军所到之处，坚持宣传群众、组织群众、武装群众，严格遵守群众纪律，紧紧依靠人民群众，同人民群众生死相依、患难与共，艰苦奋斗，赢得了各族人民的拥护和支持。人民群众参军参战出粮，以各种方式支持红军，为红军战胜长征中的各种困难提供了力量源泉。

84

长征精神是怎么形成和传播的?

长征精神是中国共产党人领导工农红军在艰难万险的长征中形成，正是依靠着坚定的理念信念，不怕牺牲的革命精神，实事求是的科学态度，为民服务的情怀，团结互相的精神，红军战胜了漫漫征途中的各种艰难险阻，赢得了长征的胜利，开创了中国革命的新局面。中国共产党及其领导的工农红军和革命群众是长征精神的主体创造者。长征精神是中国共产党人精神谱系的重要组成部分，马克思主义的先进文化，中华优秀传统文化，以伟大建党精神、井冈山精神、苏区精神等为代表的革命文化是长征精神生成的文化理论基础。广大红军指战员长征中的行军战斗、群众工作等历程是长征精神形成的实践基础。

长征胜利后，特别是新中国成立以来，随着各种长征音乐舞蹈、长征回忆录、长征影视等的创造与传播，长征的影响力越来越大，人们对长征精神的认识不断深入。特别是伴随着重大节点的纪念活动，对长征精神内涵的提炼日益科学完善。尤其是改革开放以来，以邓小平为核心的第二代中央领导集体将改革开放和现代化建设比喻为新长征，党中央高度重视对长征精神的宣传，并不断对长征精神的内涵进行理论概括。

在 1986 年 10 月举行的纪念长征胜利 50 周年大会上，时任中央军委副主席的杨尚昆第一次对长征精神做了规范性表述。强调长征精神就是对革命理想和革命事业无比忠诚、坚定不移的信念；就是不怕牺牲，敢于胜利，充满乐观，一往无前的英雄气概；就是顾全大局，严守纪律，亲密团结的高尚品格；就是联系群众，艰苦奋斗，全心全意为人民服务的崇高思想。在 1996 年 10 月 22 日召开的纪念红军长征胜利 60 周年大会上，江泽民代表党中央对长征精神做了进一步升华，指出长征精神就是把全国人民和中华民族的根本利益看得高于一切，坚定革命的理想和信念，坚信正义事业必然胜利的精神；就是为了救国救民，不怕任何艰难险阻，不惜付出一切的牺牲精神；就是坚持独立自主，实事求是，一切从实际出发的精神；就是顾全大局、严守纪律、紧密团结的精神；就是紧紧依靠人民群众，同人民群众生死相依、患难与共、艰苦奋斗的精神。

以长征的重要纪念活动和特别是以江泽民等领导人的讲话为契机，长征精神的内涵进一步一致和明确。长征精神为广大人民群众认可认同，在社会上广泛传播。

- **85**

毛泽东在陕北如何论述长征和长征精神？

毛泽东是伟大长征的亲历者、领导者，在中央红军长征到达陕北之后，毛泽东多次论述长征和长征精神，发表了系列重要讲话，科学总结概括长征及其伟大意义，扩大了长征的影响，成为人们认识长征，把握长征精神的重要遵循。

毛泽东在陕北多次论述长征和长征精神,其中较早且最凝练地论述长征的是在甘泉象鼻子湾的雪地讲话。1935 年 11 月 9 日,毛泽东等中央领导人在与红十五军团领导人会见后,在象鼻子湾召开的陕甘支队和红十五军团团以上干部会议上,毛泽东系统论述长征时指出:"我们从瑞金算起,总共走了三百六十七天。我们走过了赣、闽、粤、湘、黔、桂、滇、川、康、甘、陕,共十一个省,经过了五岭山脉、湘江、乌江、金沙江、大渡河以及雪山草地等万水千山,攻下许多城镇,最多的走了二万五千里。这是一次真正的前所未有的长征。敌人总想消灭我们,我们并没有被消灭,现在,长征以我们的胜利和敌人的失败而告结束。长征,是宣言书,是宣传队,是播种机。它将载入史册。我们中央红军从江西出发时,是八万人,现在只剩下一万人了,留下的是革命的精华,现在又与陕北红军胜利会师了。今后,我们红军将要与陕北人民团结在一起,共同完成中国革命的伟大任务。"之后,在 1935 年 12 月 27 日瓦窑堡会议闭幕后中央召开的党的活动分子会议上,毛泽东做了《论反对日本帝国主义的策略》报告,再次对长征进行论述,整合了前几次讲话的主要内容,将"长征是宣言书,长征是宣传队,长征是播种机"做了进一步明晰的阐发,同时讲了三个方面军的长征。

◎ 延伸阅读

毛泽东谈长征

长征是历史纪录上的第一次,长征是宣言书,长征是宣传队,长征是播种机。自从盘古开天地,三皇五帝到于今,历史上曾经有过我们这样的长征吗?十二个月光阴中间,天上每日几十架飞机侦察轰炸,地下几十万大军围追堵截,路上遇着了说不尽的艰难险阻,我们却开动了每人的两只脚,长驱二万余里,纵横十一个省。请问历史上曾有过我们这样的长征吗?没有,从来没有的。长征又是宣言书。它向全世界宣告，红军是英雄好汉，帝国主义者和他们的走狗蒋介石等辈则是完全无用的。长征宣告了帝国主义和蒋介石围追堵截的破产。长征又是宣传队。它向十一个省内大约两万万人民宣布，只有红军的道路，才是解放他们的道路。不因此一举，那么广大的民众怎会如此迅速地知道世界上还有红军这样一篇大道理呢？长征又是播种机。它散布了许多种子在十一个省内，发芽、长叶、开花、结果，将来是会有收获的。总而言之，长征是以我们胜利、敌人失败的结果而告结束。谁使长征胜利的呢？是共产党。没有共产党，这样的长征是不可能设想的。中国共产党，它的领导机关，它的干部，它的党员，是不怕任何艰难困苦的。谁怀疑我们领导革命战争的能力，谁就会陷进机会主义的泥坑里去。

86

陈云早期怎样叙述长征的故事？

陈云是第一位将红军长征传向西方的中国人。陈云在长征途中，不仅带领部队行军打仗，做思想政治工作，如先后出任长征断后总司令，在红五军团当中央代表。遵义会议前，担任军委纵队政治委员。遵义会议后，陈云又兼任中央组织部部长，传达遵义会议精神。

同时，陈云在长征途中根据所见所闻所思所感，坚持动笔写作，用生动流畅的文笔记录长征这一伟大史诗。陈云的写作，是假托一个被俘随红军西行的国民党军医的口吻。后来，陈云把他边走边写所记述的文字汇集成小册子，于 1936 年在法国《全民月刊》上发表，署名廉臣，题为《随军西行见闻录》，后在莫斯科出版了单行本，在世界上产生了重要影响。

陈云在这本书中记述了红军长征从江西出发到四川的一段过程，赞颂了毛泽东、朱德、周恩来、彭德怀等红军领导人的杰出才能和高尚品格，如指出"赤军领袖如朱毛、周恩来、林祖涵、徐特立等，均系极有政治头脑的政治家"。描写了长征途中爬雪山跨大河的艰苦和红军战士坚韧不拔的意志，记述了红军灵活机动的战略战术。描述了长征沿线各族群众拥护红军欢迎红军的感人场景，认为"赤军之所以能突破重围，不仅在于军事力量，而且在于深得民心"。

1935 年 5 月，中央红军跨越泸定桥进入泸定城，中共中央负责人开会，决定陈云启程，离开红军长征队伍，去上海恢复党的组织，并择机前往莫斯科，向共产国际进行工作汇报。从这时起，陈云再没有参加从四川到陕北段的长征，但他为长征的胜利做出了重要贡献。他历经艰险取道上海到达莫斯科，向共产国际汇报了中国共产党和工农红军的长征情况，恢复了中国共产党和莫斯科的联系。他积极宣传长征，所写的《随军西行见闻录》，成为世界上第一本宣传红军长征的经典之作。

87

陈树湘师长"断肠明志"的故事是怎么发生的？

在湖南道县潇水河畔城中社区阴阳村南有一座红军墓，墓的主人就是长征中牺牲的红军师长陈树湘，他面对敌人，断肠明志，感天地，泣鬼神。

在湘江战役中，担任红军总后卫的红五军团，在永安关、水车一带阻击敌人，掩护军委纵队及红军主力渡过湘江。红五军团只有第三十四师和第十三师两个师。红十三师掩护全军过了湘江之后，急行军赶到湘江边。在红三十四师的全力掩护下，部队大部分渡过湘江。然而，陈树湘担任师长的红三十四师却被阻击于湘江东岸，陷入桂军、湘军、国民党中央军及地方民团的重围之中，经过血战，突围后转战于广西灌阳、湖南道县交界一带，面临着生死考验。

陈树湘师长率领红三十四师 5000 多人陷入数十倍于己的敌人包围之中，进退两难。红三十四师孤军奋战，奋勇拼杀，弹尽粮绝，最后大部分壮烈牺牲，没有一个人投降。陈树湘率领不足 200 人，拼力杀出一条血路，突出重围，转战至灌阳、道县一带。在敌人的围追堵截下陷入绝境，伤亡殆尽。陈树湘身负重伤，不幸被俘。敌保安司令听说抓到了红军高级将领，兴奋异常，命令他的部下，用担架将陈树湘抬着去向上级邀功领赏。陈树湘为了不使敌人的企图得逞，趁敌不备，用手从腹部伤口处绞断了肠子，壮烈牺牲，年仅 29 岁。陈树湘牺牲后，敌人恼羞成怒，残忍地割下他的头颅，送回他的原籍长沙县，挂在小吴门城墙上示众。陈树湘用他的钢铁意志，践行了"为苏维埃新中国流尽最后一滴血"的誓言。

陈树湘牺牲后，当地的老百姓为其壮举所感动，晚上悄悄将陈树湘和他警卫员的遗体埋在了潇水河畔。当前，以陈树湘烈士墓为中心，当地政府修建了道县陈树湘烈士纪念园，它已成为广大党员干部群众追忆革命先烈、传承长征精神的红色研学基地。

88

从"士兵""货郎"到"馆长"，失散红军孔宪权经历了怎样的曲折人生？

长征中不断的行军作战，加上环境复杂，红军负伤掉队的情况多有出现。一些负伤掉队的红军指战员始终坚定革命理想，在群众的帮助下，历尽千辛万苦，寻找红军，回到党的组织当中。湘江战役中负伤红军朱镇中就是其中的一位（详见第10问）。一些由于种种原因未能找到主力部队的失散红军，则流落当地，艰难谋生，在娄山关战斗中负伤的孔宪权是代表之一。

孔宪权是长征中在遵义负伤留在当地的红军战士，他经历了从士兵到纪念馆馆长的人生变迁，见证一名老红军的艰辛奋斗历程。孔宪权原名孔权，湖南浏阳人，1930年2月参加红军，1932年8月加入中国共产党，参加了中央苏区红军的五次反"围剿"作战，被黄克诚称为"打不死的程咬金"。长征中担任红三军团司令部侦察参谋。

遵义会议后，中央红军转战黔北滇东北地区，为了摆脱敌人的围追堵截，红军二渡赤水，回师黔北。在攻克娄山关战斗中，时任红三军团12团作战参谋的孔宪权带领侦察员抓获了守关的敌人，获取了重要的敌方情报。随后，孔宪权率领突击队攻打娄山关南面的敌指挥所黑神庙。在黑神庙附近，孔宪权率队与敌展开激烈战斗，战斗中他的左腿胯骨被敌人机枪子弹击中数枪，鲜血直流。孔宪权疼痛难忍，跌倒在地。敌人从对面冲了过来，他忍着剧痛朝敌人不断射击，在子弹即将告罄时，被及时赶到的二营营长邓克明部营救。

　　经过激烈战斗，红军相继占领娄山关、遵义城。脱离险境的孔宪权被紧急送往位于遵义城内天主教堂的红军伤员临时救治处接受手术治疗。当时同样在天主教堂接受手术治疗的胡耀邦对孔宪权印象深刻，胡耀邦后来在回忆时说"孔害得我们一夜睡不着"，"他一直喊：'杀！''杀'！这是红军战士向敌人发起冲锋时喊的口号"。1935 年 3 月，孔宪权随红五军团和中央军委三局到达贵州毕节黔西县，由于手术后的伤口一直未能痊愈，继续随军转战非常困难，红军只能把他安置在当地财主宋少前家里养伤。一年多以后，孔宪权伤势痊愈，但左腿落下了残疾，短了近 10 厘米，也与部队失去了联系。流落乡间、一拐一瘸的孔宪权开始了艰苦的自谋生计。在遵义县（今遵义市播州区）枫香镇一带，孔宪权挑着货郎担，走村串寨卖点针头麻线。后来他也做过泥瓦匠，被人称为"跛子瓦匠"。当地乡民们听说"跛子瓦匠"是红军，就把他看作是"活着的红军菩萨"。

　　新中国成立后，孔宪权偶然间在报纸上看到了熟悉的名字，即当时担任贵州省军区司令员杨勇、政委苏振华，二人曾是长征时孔宪权所在团的首长，孔宪权激动地写信与他们取得了联系，杨、苏二人在回信中十分惊喜，没有想到历经磨难的孔宪权还活着。黄克诚也收到了孔宪权的来信，他在《我对长征的回忆》中写道："第十二团作战参谋孔权，在娄山关战斗中负了重伤，腿被打断，留下来就地寄养，以后就与部队失去了联系。全国解放后，我突然接到了孔权的来信，知道他还活着。孔权在信中表示，虽然身体残疾了，但还可以做点力所能及的工作，要求组织上考虑分配他工作。我把他的来信转给了有关部门。"后来，黄克诚出具书面证明，孔宪权恢复了党籍。中共遵义地委经过考察，任命孔宪权为第七区副区长。

　　之后，孔宪权于 1952 年担任遵义会议纪念馆筹备委员会秘书，参与了遵义会议纪念馆建馆的相关筹备工作。在筹备建馆的过程中，孔宪权付出了心血。对纪念馆及周边环境进行修缮和清理，调动人员征集红军长征在贵州的文物资料。为充实展示内容，孔宪权派专业人员外出进行了采访，沿着红军长征在贵州的路线，历时 10 个多月，走过近 44 个县市，征集革命文物 1200 多件。经过几年筹备，1957 年 7 月，遵义会议纪念馆正式对外开放，孔宪权成为纪念馆的第一任馆长。在纪念馆工作期间，孔宪权十分繁忙，经常给青少年和解放军官兵讲革命传统，遵义城区的中小学校几乎都请他做过报告。

从普通士兵到货郎、泥瓦匠到馆长，孔宪权的人生发生了巨大变化。孔宪权的故事也被广为传颂。1958 年 11 月，遵义会议的参加者邓小平参观遵义会议纪念馆，称赞孔宪权说："你是遵义会议纪念馆馆长最合适的人选。"20 世纪 80 年代重走长征路的美国作家索尔兹伯里，在其名著《长征——前所未闻的故事》中对孔宪权也多有描述和称颂。1988 年 11 月，78 岁的孔宪权因病逝世后，胡耀邦亲自发唁电："对长征老战友孔宪权同志的逝世深表哀悼。"全国各大军区也发来唁电表示哀悼。

89

习近平总书记讲述的"半条被子"是什么样的感人故事？

2016 年 10 月 21 日，习近平总书记在纪念红军长征胜利 80 周年大会上向大家讲述了"半条被子"的故事，他说：一部红军长征史，就是一部反映军民鱼水情深的历史。在湖南汝城县沙洲村，3 名女红军借宿徐解秀老人家中，临走时，把自己仅有的一床被子剪下一半给老人留下了。老人说，什么是共产党？共产党就是自己有一条被子，也要剪下半条给老百姓的人。同人民风雨同舟、血脉相通、生死与共，是中国共产党和红军取得长征胜利的根本保证，也是我们战胜一切困难和风险的根本保证。

半条被子的故事是 1984 年经济日报社记者罗开富重走长征路发现并给予实地采访的真实历史事件。1987 年 11 月 7 日，罗开富在沙洲村采访了 80 多岁的徐解秀老人。据老人回忆，50 年前的一天，红军来到沙洲村，由于国民党的反动宣传，许多人都躲到山上去了。她因为生孩子坐月子，又是小脚，就留下来带着婴儿在家。有三位女红军来到她家，跟她拉家常，宣传红军是穷人的队伍，叫老乡们不要怕，回到家里来。晚上，他们借宿徐解秀家中，当看到徐解秀床上只有一块烂棉絮和一件破蓑衣，就打开被子，和徐解秀母子挤在一张床上睡。三天后，她们临走时，便要将被子留给徐解秀。她不忍心，也不敢要，推来推去，争执不下。这时，一位女红军找来一把剪刀把被子剪成两半，留下半条给徐解秀。三位女红军对她说："红军同其他当兵的都不一样，是共产党领导的，是人民的军队，打敌人就是为老百姓过上好生活。当年女红军临走时，还对徐解秀说等革命胜利后，她们会送一条被子来。"采访结束时，徐解秀把罗开富送到山脚，就是当年群众送红军到这里分别的地方。红军走后，敌人把全村人赶到祠堂里，搜走了女红军留下的半条被子，还强拉踢打让徐解秀跪在祠堂里半天时间。徐解秀对罗开富说：虽然那时为了红军留下的半条被子吃了点苦，不过也让她明白了一个道理：什么是共产党？共产党就是自己有一条被子，也要剪下半条给老百姓的人。

采访徐解秀老人后，罗开富发表《当年赠被情意深 如今亲人在何方》的报道，立即引起了邓颖超等老红军的高度重视。在邓颖超的亲自主持下，一场寻找三个红军姑娘的行动在全国展开。遗憾的时，英雄已无处寻觅，或许早已壮烈牺牲在长征路上。1991 年，徐解秀老人去世了，临终前还念念不忘三位女红军，念念不忘共产党领导的红军送给穷人的半条被子。徐解秀去世后，罗开富代替邓颖超等老红军奠献一床蚕丝被子。此后，半条被子的故事被广为传播。1996年，北京电视台《永恒瞬间》节目摄制组到沙洲村采访，摄制了专题片。2006年，中国人民解放军八一电影制片厂《不能忘却的长征》摄制组，《解放军报》"接力长征"采访组等，先后到沙洲村拍摄和深入采访半条被子的故事，将这一长征故事传遍神州大地。

如今，位于汝城县文明瑶族乡的沙洲村，当地政府修缮保护了"半条被子"故事发生地旧址——徐解秀老人故居，创建了"半条被子的温暖"专题陈列馆，让更多的人了解感受当年红军和沿途群众风雨同舟的鱼水深情。

90

"红军菩萨"和"红军老祖"故事体现了怎样的军民情？

在遵义市中心凤凰山的红军烈士陵园里，有一座红军墓，当地流传着红军卫生员龙思泉救护民众、民众把他当作菩萨的军民鱼水情故事。

1935年1月，红军长征转战遵义时，驻城郊桑木垭的前哨连有一位不满20岁的卫生员，后来考证是红三团军团某部的卫生员龙思泉。当时，当地正流行伤寒病，龙思泉了解情况后，不分昼夜、风雨无阻地走村串巷，给穷苦老百姓看病、送药。一天傍晚，一名小孩跑来哀求请他为其病重的

父母看病。龙思泉冒着小雨跋涉十多里到达患者家中，直到天明时患者脱
险后才开始返回驻地。此时，红军已经紧急开拔，连长留言让他追赶部队。
不幸的是，在追赶部队的路上，红军卫生员龙思泉落入当地反动民团的手
里，随后被枪杀于桑木垭场口。当地群众悲愤莫名，为了报答这位小红军
卫生员为民治病的恩情，将其遗体就近掩埋在路旁。当时因不知他的籍贯
和姓名，只能称这座墓为"红军坟"。面对敌人的蓄谋破坏，乡亲们与敌
人斗智斗勇，千方百计保护着这座"红军坟"。这一带的乡亲们在怀念这
位小卫生员时，尤其是生病没法医治时，便用对待死者的传统礼仪，带上
香纸蜡烛进行祭拜。据说一些有病的人回去之后病竟然好了。一传十，十
传百，周边的群众有什么磨难疾病，都要来这里上香，红军卫生员就成了
人们心中的"红军菩萨"。

红军坟墓址原在桑木垭，新中国成立后迁至小龙山，即今天的凤凰山
烈士陵园。同时，为了便于人民瞻仰这位红军卫生员，当地铸造了一尊铜
像安放在墓前。因为龙思泉一直被称为"小红"，后来的老百姓误认为是

图 5-1 遵义市凤凰山上的红军坟及红军菩萨雕塑

位女红军，就将铜像塑成了女卫生员形象。直到 1965 年，中国人民解放军第三军医大学原校长、老红军钟有煌带领学员从重庆拉练来到遵义，听说"红军坟"的故事后，回忆自己在红三军团五师第十三团任军医的岁月时，才解开了"小红"的真实身份。后来，遵义市相关部门又进行了反复考证，最终确认红军坟里长眠的"红军菩萨"，正是龙思泉。每到重要节日，如清明节时，遵义周边乃至全国各地的游客总会自发前往红军坟祭拜，在烈士墓前点上一支香，放上一束花，或在铜像上挂上红绸布，以表达对红军军医的永恒怀念。

在陕南的旬阳，则流传着"红军老祖"的故事，与遵义"红军菩萨"的故事一样感天地、泣鬼神。

1935 年，红二十五军及红七十四师进入陕南地区旬阳县汉江以北活动，在潘家河建立苏维埃政权，领导人民开展游击战争，打土豪，分田地，解除民间疾苦，赢得了老百姓的拥护和支持。10 月 18 日，红二十五军主力西征北上后，留在陕南担任游击作战的红七十四师在九龙山佛爷庙与敌战斗。战斗中，留下特务队高中宽指导员带一个班阻击敌人，掩护部队和群众转移。后来，高指导员和二班尚班长英勇牺牲。当地群众为了保护这两位牺牲的红军，把他们埋葬在潘家河乡碾子沟口。为不让国民党反动派对红军坟墓进行破坏，他们把牺牲的两位红军战士誉为"红军老祖"长年敬俸。1946 年，当地群众自发为红军烈士刻碑竖于墓前，碑文是："民国得道八路军故医官之墓"。敌人曾多次破坏"红军老祖"之墓，但广大民众是压不服、禁不住的。在潘家河、火石沟、白河等地先后出现了好几个"红军老祖庙"，庙内塑有头戴八角帽、身穿灰军装、脚蹬麻草鞋的红军战士座像，反映了群众怀念红军爱戴红军的朴素情感。

新中国成立后，旬阳县政府把两位红军烈士墓作为重点文物进行保护，对墓地进行维修。1958 年，将红军烈士墓所在大队改名为红军大队，将所在的丰积乡改名为红军人民公社，1984 年更名为红军乡，2011 年更名为红军镇。1983 年，在红军当年战斗和牺牲的地方，修建了红军纪念馆和红军烈士纪念碑。红军纪念馆展出当年红军战士在此战斗留下的遗物、照片、标语和歌谣，以及毛泽东、周恩来、李先念、汪峰、程先瑞、程子华等人对陕南军事部署的电文复制碑，收集展出了百余幅"红军老祖"的故事连环画。2009 年红军纪念馆园区设施提升工作完成，整个纪念园区由入景山门、纪念碑、纪念馆、红军老祖墓、群雕塑像、"红军老祖"雕塑、祭奠广场、土炮台及停车场、入口广场、红军餐厅等组成。

- # 91

若尔盖县班佑村无名烈士纪念碑背后反映了怎样的悲壮故事？

在红军长征走出草地见到的第一个村子，即四川省若尔盖县班佑村，有一座名为"胜利曙光"的中国工农红军班佑烈士纪念碑，这座无名烈士纪念碑是为了纪念千辛万苦走过草地却牺牲在最后一刻的数百位红军战士而建，这是红军长征过草地有史料记载牺牲人数最多的一次。

1935 年 8 月底，红军过草地时，由于草地海拔高、气候恶劣，加上红军战士装备简陋，许多战士因饥饿、疾病而掉队、牺牲。8 月 28 日，红三军主力走出草地到达阿西牙弄一带休整，彭德怀命令红三军团第十一团政委王平率领一个营的兵力，携带着刚刚筹集到的粮食返回草地，接应滞留在班佑河那边的红军战士。王平率队走到班佑河边，用望远镜观察，见对岸至少有七八百人，背靠着背坐着，一动不动。过河后才发现，他们都牺牲了。王平回忆说："他们带走的是伤病和饥饿，留下的却是曙光和胜利。"

为了纪念这一事件，完成王平将军生前遗愿，2008 年至 2009 年，王平之子范小光先后两次到若尔盖县班佑村考察，并投资建设"胜利曙光"雕塑。2011 年 9 月 28 日，红军无名烈士纪念碑即"胜利曙光"雕塑在若尔盖县班佑乡班佑村建成。纪念碑的主体由 24 尊神态各异的红军人物形象和一面直刺苍穹的军旗组成。红色的碑座上镌刻着"胜利曙光"四个金灿灿的大字，由中央军委原副主席迟浩田上将题写，寓意着在胜利前夜不幸牺牲的红军，他们为这片草原留下了曙光和胜利。

92

"将军农民"甘祖昌怎样传承长征精神？

甘祖昌，江西省莲花县人，中国人民解放军少将军衔，被称为"将军农民"。他的传奇一生见证了老红军从长征路到新长征路淡泊名利、甘于奉献的崇高品格。甘祖昌于 1927 年加入中国共产党，第二年参加中国工农红军。长征前后，担任红六军团补充团政治处主任、红六军团供给部材料科长等职，参加了长征。长征后，担任八路军第三五九旅供给部部长、第一野战军二军后勤部部长等职。在新民主主义革命的不同时期，他为党和人民的事业出生入死，数次负伤。新中国成立后，甘祖昌历任新疆军区后勤部副部长兼供给处处长、财务处处长，新疆军区后勤部部长。1955年甘祖昌被授予少将军衔，荣获八一勋章、独立自由勋章、解放勋章等。

在长期的革命战争中，甘祖昌头部三次负重伤，严重的脑震荡后遗症让他难以坚持领导工作，领导建议他到条件比较好的地方去长期休养，但甘祖昌要求回家乡务农。1957年，甘祖昌在辞去新疆军区后勤部部长的职务后，带着妻子龚全珍及家人回到阔别20多年的家乡，从此开始了29年的农民生涯。

甘祖昌回到家乡莲花县后，就不辞辛苦地带领着乡村们修水库、建电站、架桥梁、改造红壤田。他白天参加勘测、设计，晚上钻研农业科技。长期的实践和科学学习，使他积累了丰富的农林水利建设经验，被江西省农科院聘为特约研究员。甘祖昌在农村生产生活中，扶危济贫。当地图田村有个青年叫刘海清，小时生病落下残疾，父亲也有肝病，生活艰难。甘祖昌了解情况后，想方设法关心帮助刘海清一家。上面派医生给甘祖昌看病，他总要把医生带到刘家。他多次通过写信访医求药，希望帮助刘海清站起来。当得知刘海清的残腿无法治愈后，他又买书订报，出钱请师傅上门教手艺，帮助鼓励刘海清自强自立。后来，刘海清父亲肝病复发，住院缺钱，甘祖昌又帮助承担了医疗费。老人动过手术后住院期间，甘祖昌在医院陪护多天，使老人家感动得热泪盈眶。

甘祖昌对别人大公无私，对自己和家人则严格约束，时刻保持着一位红军老战士的艰苦朴素本色。他自己养猪种菜，平时抽的烟也是自己种的，每件衣服至少要穿10年。衣服破了就补，补好再穿，实在不能补了就做鞋底。上级按规定给他盖房配车，他一一拒绝。他节衣缩食，粗茶淡饭，却把百分之七十的工资收入捐给了家乡的建设事业。当地群众对甘祖昌的作风非常敬佩，称他的形象是：一身补丁打赤脚，一根烟斗没有嘴，白罗布手巾肩上搭，走路笔挺快如风。甘祖昌对子女亲属要求严格，不许他们有任何特殊。一次，甘祖昌的弟弟因盖房多占了队上一分宅基地，甘祖昌知道后，硬是动员弟弟把多占的地全部退出。在 1986 年病危弥留之际，甘祖昌念念不忘的还是要求家人把工资的大部分买成化肥农药支援农业。

甘祖昌的妻子龚全珍，她以教书育人的方式服务乡亲，和丈夫一样传承着革命精神。2013 年龚全珍获得第四届全国道德模范称号，习近平总书记在会见第四届全国道德模范及提名奖获得者时曾动情地说，甘祖昌是我们共和国的开国将军，江西籍的老红军。新中国成立后，他当了将军，但是他坚持回家当农民。我当小学生时就有这篇课文，内容就是将军当农民，我们深受影响。至今半个世纪过去，看到龚老现在仍然弘扬着这种精神，今天看到她又当选全国道德模范，出席我们今天的会议，我感到很欣慰。我们要弘扬这种艰苦奋斗精神，不仅我们这代人要传承，我们的下一代也要弘扬，要一代一代传承下去。

93

女红军王定国有怎样励志的一生？

百岁老红军王定国，1913 年出生在四川营山一个贫困佃农家庭，妹妹被饿死，父亲病亡没钱安葬，二弟也被卖掉，15 岁被卖给人家当童养媳。后来川东秘密党组织来到营山发动群众，王定国接受了革命思想，结束了原来的婚姻关系，开始了革命战斗的新生活。1933 年 12 月加入中国共产党，先后担任四川营山妇女独立营营长、川陕苏区保卫局妇女连连长。

　　1935 年 3 月，王定国调入红四方面军政治部前进剧团，开始进行艰苦卓绝的长征。在长征中，王定国随红四方面军 3 次爬雪山过草地。红军要翻越 4000 米以上的雪山，到达山顶的一个夜晚，王定国和战士们互相挤着睡着，第二天醒来，发现自己的脚趾冻僵了，她拿手一动，脚趾竟然一下子断了。她把伤骨磨平，包扎起来，继续长征。过草地更辛苦，气候多变，粮食缺乏，树皮、草根、皮带、皮鞋都成了红军战士们的粮食。王定国所在的剧团编了一首打油诗，宣传如何将牛皮鞋底制作成果腹的食物，"牛皮鞋底六寸长，草地中间好干粮；开水煮来别有味，野火烧后分外香。两寸拿来熬野菜，两寸拿来做清汤；一菜一汤好花样，留下两寸战友尝。"

　　长征后期，王定国又参加西路军前进剧团征战河西走廊。在甘肃永昌地区顽强同穷凶极恶的马家军骑兵作战，王定国和其他前进剧团的女战士，在永昌县高家堡，遇到偷袭红九军军部的马家骑兵。为了掩护红九军军部，王定国和指导员廖赤见等临危不惧，机智沉着，迅速抢占了路旁一个 3 层高的土围子，向敌人开火。敌人以为遇到了红九军军部，立刻包抄过来。王定国等剧团战士，凭着 10 多条枪，顶住了敌人的轮番进攻。敌人摸不清她们的虚实，一会儿派飞机侦察，一会儿用大炮轰击。战斗从上午一直打到下午天黑，剧团战士们虽打退了敌人骑兵的多次冲锋，但她们的子弹已经打完，很多战士牺牲。大批敌人逼近土墙，挖开围子，冲了进来。王定国她们被迫拿起刺刀和马刀，继续同敌人作战。最后大部分战士壮烈牺牲，一部分被俘。作战失败后，她被马步芳部队俘虏，受尽屈辱苦难。在狱中她不放弃不气馁，展开对敌斗争和营救红军战俘工作，成功掩护红军女将领张琴秋。她最终逃出活埋红军战俘的青海军阀马步芳之手，于 1937 年秋到达兰州八路军办事处，同年 9 月与时任兰州八路军办事处代表的谢觉哉结婚，随后投入了战火纷飞的抗日战争和解放战争。

　　新中国成立后，王定国曾担任最高人民法院党委办公室副主任一职。

离休后，她是一位出色的社会活动家，发起成立中国长城学会，保护文物古迹。关注国家林业生态建设，到多地了解林业生态建设情况。70 多岁时开始学习书法绘画，日复一日，学有所成，书法刚劲有力，画作栩栩如生。75 岁时接受癌症大手术。90 多岁时重走长征路，在 102 岁之前，王定国每年都要走出北京，走进长征沿线的老区群众家里调研，写成报告送给中央相关部门，为老区发展奔走呼吁。

老红军王定国在 80 多年的革命生涯中，长征不止，严于律己，乐于奉献。她曾和伍修权一起，跑遍河西走廊，救助西路军流散人员。她曾与陈云夫人于若木等同志，发起挽救失足青少年运动，足迹遍布祖国各地。她曾在 76 岁时重返草地，在川北 22 个县考察，为老区人民脱贫致富筹谋划策。在 94 高龄时还重走长征路，探望还健在的老战友和房东乡亲。

王定国于 2020 年因病在北京逝世，享年 107 岁。她的一生是坎坷吃苦、坚毅奋斗的一生，正如她最爱写的条幅是：吃亏是福。她平凡而伟大的一生见证了长征精神，正如她的小儿子谢亚旭说："母亲活在精神世界中。如果没有一种强大的信念支撑，她现在的身体不会那么棒。"

94

长征中走出的三位"独臂将军"是谁？

他们是贺炳炎、余秋里、晏福生。

红二、红六军团长征由湖南转战黔东途中，红五师师长贺炳炎不幸被敌人一发炮弹击伤，右臂被炸断，战地手术截去右臂，被称为"独臂将军"。
当时贺炳炎被抬到总指挥部卫生部时，情况危及，已呈昏迷状态。卫生部
长、军医贺彪一看，创伤骨粉肉泥，右臂只剩下一点皮连着。同时，贺炳
炎还患有急性肺气肿，呼吸困难，如不立即截肢抢救，便有生命危险。当
时部队前进通道已经打开，马上就要向西转移，大部分军医携医药器械随
攻击部队到前线救伤员去了，现场没有手术锯和麻醉药。但由于情况严重，
军团领导贺龙与任弼时郑重决定，派出警戒部队，监视敌人动静，部队推
迟转移，立即为贺炳炎施行截肢手术。前边枪声炮声不绝于耳，后边截肢
手术紧张进行。贺彪让人把木锯放在开水锅里煮了又煮，又叫来四名力气
大的战士，按住贺炳炎的双腿、头部和左臂。贺炳炎让军医放心做，说他
能挺得住。贺彪又把一块毛巾放在贺炳炎嘴里，冲贺炳炎点点头，把牙一
咬，便锯了起来。血水顺着锯条往下流淌，贺炳炎的头上汗珠不断，不一
会儿他身上也似水淋过一般。手术进行了约两个小时，剧痛难忍，贺炳炎
口中的毛巾竟被他咬破一排洞。贺龙进屋，眼中满含泪花，取出断臂上的
几块碎骨，用手帕包好。这几块碎骨后来一直带在贺龙身边，多次说："这
是党的好儿子的骨头。"新中国成立后，贺炳炎被授予上将军衔，曾担任
原成都军区司令员等职。

　　余秋里长征时任红二军团六师十八团政治委员，新中国成立后被授予
中将军衔，曾任中国人民解放军总政治部主任。余秋里也被称为"独臂将
军"。1936 年 2 月，贺龙总指挥率领红二、红六军团长征转战至黔滇边
的乌蒙山区。在 3 月 12 日的哲庄坝战斗中，余秋里被一颗子弹击中左臂。
他简单包扎了一下伤口，继续随战士们作战。随后在他率部队向山顶冲锋
掩护主力部队转移时，敌人一梭子机枪子弹打了过来，又打在他那已经负
伤的左臂上，打断的骨头已穿出皮肉。他进行了简单包扎，用绷带把左臂
挂在脖子上，继续指挥战斗。之后，敌人开始了更加疯狂的围追堵截，红

军每天都要行军打仗，根本没有时间对余秋里进行治疗，做手术。渡过金沙江后，部队进入康藏地区，彻底摆脱了国民党军十几万敌军的围追堵截。当部队在中甸地区休息时，贺龙总指挥、任弼时政委指示医院领导给余秋里做手术，因缺乏医疗器械未能做成。到达甘孜同红四方面军会师后，余秋里的左臂疼痛难忍，医务人员打开绷带检查，发现整条臂膀已经发黑萎缩，感染严重，但由于缺医少药，只得重新换上新绷带，让他躺在担架上，抬着继续前进。1936 年 9 月，红二方面军到达甘肃徽县，余秋里伤势越来越重，左手五指已肿胀坏死，如不及时手术治疗就会危及生命。红二方面军卫生部部长侯政决定亲自为余秋里实施手术。手术时，侯政用缴来的镇痛剂先给余秋里注射，由于不知道该药的剂量，一针下去，余秋里就昏迷过去。侯政先刮掉余秋里臂上的腐肉，再用一把自制小锯锯断骨头。醒来时，余秋里对身边的贺龙说："老总，敌人打断了我的左臂，我还有右臂，只要还有一口气，我就要将革命进行到底。"

晏福生，被称为"独臂战将"，长征中任红六军团第十六师政委。1936 年 10 月，晏福生率部继续北进，同堵截的国民党军主力相遇，展开激战。红十六师多次打退国民党军的冲击。在敌军越来越多，红军日益陷入危机之际，晏福生命令部队退出山头阵地，决心从山下斜坡处杀开一条血路，掩护主力军团转移。晏福生率领部队撤至斜坡，同蜂拥而来的敌人冲杀。后晏福生指挥红十六师撤出战斗时，被国民党军飞机投下的炸弹击中，右臂被弹片扎伤，鲜血直流。晏福生为不拖累部队，把贴身携带的密电码本交给警卫员，纵深跳下身边的陡坡。红六军团主力通过红十六师杀出的血路脱离危险后，战士们寻遍阵地，没有找到负伤下落不明的晏福生，认为晏已经阵亡，军团领导王震等在干部大会上和大家起立向晏福生默哀三分钟。实际上晏福生没有死，他跳下陡坡后，被野枣树等拦阻后，滚落在一个土窑洞边，顺势滚进了土窑洞。后来，当地群众把流血过多昏迷不醒的晏福生救回了家。救过来后的晏福生换上便装出发寻找队伍，一直追到通渭，还是没有追上部队。他历尽艰险回到陕北，由于耽误了治疗，残臂感染严重，必须截肢。新中国成立后晏福生被授予中将军衔，曾任广州军委副政治委员等职。

95

国内"重走长征路"传承长征精神的盛况如何？

老红军陈靖重走长征路。陈靖为贵州籍苗族老红军，1934 年 9 月，红六军团进入贵州后，家在瓮安的陈靖参加红军，从事文艺宣传工作，随红二、红六军团完成了长征。1986 年 9 月 4 日至 1988 年 6 月 4 日，年近古稀的陈靖携妻子离开南京，在女儿陪同下沿着三个方面军和红二十五军、西路军共 5 条长征路线开始了第一次重走长征路，历时 21 个月、640 天，陈靖用九死一生的英雄气概和大无畏的长征精神，克服重重困难，行程 36261 千米，途径 15 个省（区、市），406 个市、县、乡。1989 年至 1990 年，陈靖将军再度重走长征路。1990 年至 1992 年春，陈靖将军三度重走长征路。胜利完成重走长征路的陈靖，将一路感受编辑成 20 多万字的《重走长征路》（长征出版社 1990 年出版）。陈靖被称为"三亲"老红军，即"亲自走完长征路、亲自重走长征路、亲自动笔写长征"。重走长征路使老红军对长征精神的新时代传承有了更深刻的认识，陈靖指出，"长征的整个进程，是极为具体而又错综曲折的""长征这座罕世'大厦'

的建筑者们，事后如不进行重览和勘察，是不可能全面了解大厦的全貌和其中的实况的"。通过重走长征路，陈靖对长征沿线的中国国情有了更深刻的认识："历时 21 个月的重走长征路结束了。这 72000 里（3.6 万千米）的道路，绝大部分都是十分偏僻而闭塞的地方。用当今人的话来说：老、少、边、山、穷占全了。"

红军后代重走长征路。2006 年 7 月 23 日，由延安时期五大书记、长征重要领导人、开国元帅、大将等老一辈无产阶级革命家的子女发起的"情系长征路——开国元勋子女重走长征路"活动在长征的出发地之一瑞金启程。此次重走长征路主要沿红一方面军的长征路线，以及部分红二、四方面军的长征路线，途径福建、江西、广东、湖南、广西、贵州、云南、四川、甘肃、宁夏、陕西等 11 个省区的 100 多个县市，历时 1 个多月，行程 8000 余千米。作为红色缅怀性质的一次高规格政治活动，在国内产生了重要影响。重走长征路对红军后代而言，是继承先辈遗志，更好传承伟大长征精神，为新长征不断奉献热血之路。

经济日报记者罗开富重走长征路。经济日报记者罗开富，把自己在长征路上的报道编辑成《红军长征追踪》（上、下），成为改革开放之后中国人重走长征路的经典代表。新闻工作者罗开富的长征开始于 1984 年 10 月 16 日，其严格按照当年红军长征的相同路线和时间重走了长征路，成为红军长征之后徒步原路走完长征全程的第一人。罗开富用了 368 天，日均行走 75 里（37.5 千米）路，行程 27600 里（1.38 万千米），每天写一篇报道稿、记一篇日记。重走长征路，多次采访回顾长征路的罗开富感慨："每一次回顾长征路，我都会觉得自己的灵魂受到净化，从心底里感慨着：红军将士留给我们的宝贵财富——长征精神，它是我们前进中永远的精神支柱。"同时罗开富在重走长征路上通过深入采访发现挖掘了不少感人的长征故事，如发生在湖南汝城半条棉被的故事，体现了党和人民群众的鱼水深情，作为中国共产党的经典故事被广为传扬。习近平总书记在纪念工农红军长征胜利 80 周年纪念大会上再次向全党讲述了这一感人故事，并强调"什么是共产党？共产党就是自己有一条被子，也要剪下半条给老百姓的人"。

遵义农民夫妇骑马重走长征路。贵州遵义农民夫妇罗建华、丁启梅骑马走长征是新时代重走长征路的典型。他们来自革命老区遵义市新蒲新区，2015 年 10 月 5 日，夫妻俩一人骑马，一人开车，穿着母亲做的布鞋，开始重走中央红军二万五千里长征路。罗建华夫妇克服重重困难，沿着红军长征路线一路前行，历经 1 年零 9 天，胜利到达陕西省吴起县，完成了重走长征路的壮举。他们体验了长征的艰难万险，收获了他们人生最宝贵的精神食粮。正如罗建华谈到重走长征路的感受时动情指出，"红军长征的艰辛，我们是难以全部体验的。""新中国来之不易，只要走一趟长征路，就能深切体会。""长征精神应该是现代人最宝贵的精神食粮。"

96

哪些外国人重走了长征路？

美国著名新闻记者、传记作家哈里森·索尔兹伯里夫妇重走长征路，撰写长征名著《长征——前所未闻的故事》。美国新闻记者作家索尔兹伯里，受斯诺及其名著《红星照耀中国》的影响，对红军长征产生了浓厚的兴趣。为了践行斯诺所说"总有一天会有人写出一部这一惊心动魄的远征的全部

史诗"，1984 年 4 至 6 月，索尔兹伯里夫妇在中国人民革命军事博物馆
馆长秦兴汉将军等的陪同下，进行了 7400 英里（约合 1.2 万千米）的旅行，
沿着当年中央红军的长征路线行进，途中也涉足了红二、红六军团和红四
方面军战斗过的部分地区。索尔兹伯里指出"在那边远地区漫长的旅程中，
我们主要乘坐吉普车、小型客车和指挥车，行进在当年红军男女战士们完
全徒步走过的地方。这在 1934 年是一项极其艰巨的任务，今天仍然如此"。
索尔兹伯里的妻子夏洛特·索尔兹伯里伴随着丈夫也重走了长征路，感受
了长征路的艰辛与伟大，随后写出了《长征日记——中国史诗》，该书以
日记的形式，记录了她在随丈夫重走长征路上的见闻与感受，成为描述长
征的又一部值得一读的著作。夏洛特·索尔兹伯里用西方妇女的眼睛和观
察角度对长征进行了独特的思考，正如作者指出"长征的意义，我是深刻
地领会到了。如果不是沿着长征的路走一遍，没有见到那些开会的地方、
战场、长征中跨越过的高山、草地、江河，没有和一些幸存者交谈，绝不
可能做到这一点"。

　　西方人重走长征路的还有澳大利亚最大的私人出版商威尔顿国际集团
CEO 魏华德，以及 70 岁的以色列老兵武大卫的长征之旅等。以色列老兵
大卫·本·乌泽勒出生于 1935 年，2005 年，他以 70 岁高龄重走当年中
央红军的长征路线，从 3 月 10 日江西瑞金出发到 7 月 25 日抵达陕北吴
起镇，历时 138 天，其中步行 1200 多千米、汽车行程 2.4 万千米，途径
9 个省、自治区。一路上，大卫和随行的张爱萍将军女儿张小艾、翻译等
一行人一道参观红军重要战场、会议旧址和纪念馆，采访上百名老红军。
所到之处，人们喜爱、尊敬这位以色列老兵，还给他起了一个中文名字武
大卫。

97

老红军如何撰写长征回忆录赓续革命精神？

长征成为中国革命的永恒经典和伟大史诗，也成为参加这一史诗的老红军终生难忘的记忆。新中国成立后，特别是改革开放后，健在的老红军在新长征路上继续发挥余热的同时，也用他们的笔墨书写他们的长征记忆，这一本本浸透着革命前辈心血的长征回忆录起到了保存历史记忆、传承伟大长征精神的重要作用。

戴镜元的《长征回忆——从中央苏区到陕北革命根据地》（北京出版社 1960 年出版）。中央苏区时，戴镜元在中央军委总司令部电台工作，长征中他一直做这个工作。该回忆录按中央红军长征中的重大事件线路，如告别革命苏区，突破四道封锁线，通过桂湘黔边苗壮民族地区，四渡赤水、二占遵义，巧渡金沙江，通过彝族区、强渡大渡河，翻越大雪山、进入藏民区，跨过水草地、突袭腊子口，到达陕北革命根据地等。记述了戴镜元在长征途中的亲身经历，同时比较全面地叙述了整个长征的过程。

陈昌奉的《跟随毛主席长征》（作家出版社 1961 年出版）。陈昌奉在 1930 年到 1936 年间，曾在毛主席身边工作，经历了伟大的长征。在这本回忆录里，他以朴素生动的文字，描绘出了长征前后毛泽东同志以及英勇的中国工农红军的生活侧面。

成仿吾的《长征回忆录》（人民出版社 1977 年出版）。成仿吾是长征中为数不多的教授、作家。长征前，成仿吾在中央苏区中央宣传部和中央党校工作，长征中成仿吾担任红军干部团政治教员，与徐特立、谢觉哉、董必武等老革命家同行。在中国作家中，只有成仿吾、冯雪峰等少数人参加过长征，他们曾以革命家和文学家的双重眼光经历并品读这一人类伟大史诗的雄伟壮阔。成仿吾在他的《长征回忆录》中对长征的不同阶段如瑞金告别苏区，突破四道封锁线，翻越老山界，遵义会议，四渡赤水，巧渡金沙江，强渡大渡河，飞夺泸定桥，翻雪山过草地，进军甘南，翻越六盘山，到达吴起镇胜利结束长征，都有真实生动的描述，再现了长征中那些崇高壮烈、激动人心的战斗行军场面和情景。

杨成武的《忆长征》（现代教育出版社 2005 年版）。杨成武将军在长征中担任中央红军红一军团红一师红四团政治委员。这个团在漫长的征途中经常担负先头团的开路任务，尤其是强渡乌江，飞夺泸定桥，越过草地，突破天险腊子口等对全局有重大影响的战斗和行动，红四团都圆满完成任务。杨成武在全面回顾中央红军长征的重要行军和战斗情况的同时，对这些关键性战略行动进行了详细的记述。

林伟的《一位老红军的长征日记》（中共党史出版社 2006 年版）。这是林伟对他长征中所写日记资料的回忆及整理。林伟在长征时担任红九军团司令部的作战参谋和测绘员。这本书主要反映了 1934 年 7 月至 1936 年 11 月的历史，对长征前后进行了完整的记录。特别是对长征中党中央的一些部署、方针，红九军团发生的一些重大事件、战斗，所经之地城镇风貌、山川河流、地形气候、人情风俗等，作了详尽的记载和描述。

钟有煌的《长征回忆录》（解放军出版社 2006 年出版）。钟有煌长征时担任红三军团军医。这本回忆录从冲破重围，遵义光辉，苦无后方，艰苦岁月，雪山草地，北上延安等，对长征中的重要战斗行军进行了回忆，特别是对长征中的医疗卫生等后勤保障工作做了较为详细的回忆描述。

- **98**

新时代长征精神体现在生活的哪些方面?

在红军长征沿线的城乡各地山山水水之间，红军走后，留下了众多以"红军"命名的建筑、街道、桥梁道路、村镇等，如红军楼、红军街、红军沟、红军桥、红军镇等，以及各类红军学校、长征学校，还有以长征命名的各种设备，如长征系列运载火箭等。它们背后记载着生动感人的长征故事，反映着一段段军民鱼水深情的颂歌，深刻诠释了长征是一次唤醒民众的伟大远征，同时显示出艰苦奋斗、自强不息的长征精神已经融入了新长征路上的各个方面、各个领域。

全国各地有许多因长征而诞生的地名，如广西龙胜县龙坪镇的红军楼。1934 年 12 月 10 日，中央红军长征到达龙胜县平等乡龙坪寨。当夜，敌人特务放火，大半个寨子一片火海。周恩来站在寨子最高处的"杨氏鼓楼"上现场指挥红军救火。经过广大红军指战员奋不顾身的抢救，"杨氏鼓楼"和东边的半个寨子被救了下来。随后，红军抓获了几名纵火犯，召开群众大会，揭露国民党派遣特务纵火嫁祸红军的恶劣行为，教育了广大群众。红军还拿出大洋给火灾中受损的群众弥补损失。红军走后，当地群众将"杨氏鼓楼"改名为"红军楼"，把审判纵火特务的祠堂称为"审敌堂"，以表达对红军的怀念。还有遵义迎红桥、红军街，四川江油青林口镇红军桥，云南香格里拉上桥头红军桥，青海省班玛县红军沟等等。

新中国成立后，在党和政府及社会各界的关心支持下，长征沿线的一些小学改名改建成"长征小学"或"红军小学"，更好地发挥了在青少年中学习长征历史、传承长征精神的主阵地作用。全国红军小学建设工程于

2007 年由前中央领导李瑞环和老一辈革命家及其亲属倡导发起，其主旨是感恩革命老区的历史贡献，改善老区落后的教育条件，发扬和传承红军精神。红军小学在建设过程中，依靠全国共产党员、共青团员、老革命家属及红军后代的捐助，基本上每所学校获资 25 万元，然后由当地政府配套出资对学校的教学设施进行改造或重建，到目前为止，全国已完成 300 所红军小学的建设。从革命摇篮井冈山到革命圣地延安，从祖国北疆珍宝岛到红色娘子军诞生地海南岛，从红军长征路上的云南、贵州、四川、宁夏、甘肃、陕西到淮海战役战场的徐州，覆盖了全国 29 个省（区、市）革命老区，大大改善了教育教学条件。红军小学在建设中摸索出一套红色教育方式，把红色教育作为突出的教育特色，依托当地红色资源开展各种活动，以唱革命歌曲、参观革命历史遗址、缅怀先辈的革命业绩、体验革命先辈的生活、讲述革命斗争的故事等形式，对学生进行爱国主义教育和革命传统教育。目前，红军小学已经成为继希望工程之后又一大型公益工程，成为有着广泛影响的红色教育品牌。

四川省凉山彝族自治州冕宁县的西昌卫星发射中心位于红军长征路上，于 1982 年交付使用，是中国对外开放最早、承担卫星发射最多、自动化程度较高、综合发射能力较强的航天发射场。西昌卫星发射中心发射长征系列运载火箭，在中国人民逐梦星辰大海的新长征路上不断超越，创造奇迹。

1984 年 4 月 8 日，西昌卫星发射中心使用长征三号运载火箭将东方红二号试验通信卫星成功送入 36000 千米的轨道，中国人首次拥有了自己的通信卫星，自此拉开了西昌卫星发生中心不断追梦的序幕。2016 年 12 月 11 日，在红军长征胜利 80 周年之际，西昌卫星发射中心用长征三号乙运载火箭成功发射风云四号卫星，此次发射任务是长征系列运载火箭的第 242 次发射。2021 年 11 月 27 日，西昌卫星发射中心用长征三号乙

运载火箭，成功将"中星 1D"卫星发射升空，该次任务是长征系列运载
火箭的第 399 次飞行。

　　西昌卫星发射中心开拓进取，砥砺前行，不断刷新中国速度。中心从
执行第 1 次发射任务到第 100 次发射用了 32 年，从执行第 100 次发射任
务到执行第 200 次发行任务仅用了 6 年时间。测试时间大大缩短，创造
了中国速度，体现了我国卫星发射能力不断提升，体现了中国航天不断地
由小到大、由大到强。

参考文献

［1］中央档案馆．红军长征档案史料选编［M］．北京：学习出版社，1996．

［2］陈伯钧，等．红军长征日记［M］．北京：档案出版社，1986．

［3］赵镕．长征日记［M］．太原：山西人民出版社，1990．

［4］刘统．亲历长征——来自红军长征者的原始记录［M］．北京：中央文献出版社，2006．

［5］中共中央党史研究室第一研究部编著．红军长征史［M］．北京：中共党史出版社，2006．

［6］芦振国，姜为民．红二十五军长征纪实［M］．郑州：河南人民出版社，1986．

［7］黄镇．长征画集［M］．北京：解放军出版社，2006．

［8］萧锋．长征日记［M］．上海：上海人民出版社，2006．

［9］戴镜元．长征回忆——从中央苏区到陕北革命根据地［M］．北京：北京出版社，1960．

［10］成仿吾．长征回忆录（修订本）［M］．北京：人民出版社，1977．

［11］杨成武．忆长征［M］．北京：现代教育出版社，2005．

［12］林伟．一位老红军的长征日记［M］．北京：中共党史出版社，2006．

［13］钟有煌．长征亲历记［M］．北京：解放军出版社，2006．

［14］王平．王平回忆录［M］．北京：解放军出版社，1992．

［15］李安葆.长征与文化［M］.北京：党建读物出版社，2002.

［16］姜廷玉.多视角下的长征［M］.北京：国防大学出版社，2006.

［17］徐占权.解读长征［M］.北京：中央文献出版社，2005.

［18］石仲泉.长征行（增订本）［M］.上海人民出版社，2016.

［19］丁晓平.长征叙述史［M］.北京：中国青年出版社，2016.

［20］罗开富.红军长征追踪［M］.北京：经济日报出版社，2001.

［21］周靖程，黄黎.长征文物背后的故事［M］.合肥：安徽教育出版社，
2020.

［22］《图说长征》课题组.图说长征（6卷）［M］.北京：中共党史出版社，
2019.

［23］文化部党史资料征集工作委员会办公室.长征中的文化工作[M].北京：
北京图书馆出版社，1998.

［24］董有刚.川滇黔边红色武装文化史料选编［M］.贵阳：贵州人民出版社，
1995.

［25］曲爱国，张从田.长征记［M］.北京：华夏出版社，2016.

［26］王树增.长征［M］.北京：人民文学出版社，2006.

［27］埃德加·斯诺.西行漫记［M］.董乐山，译.北京：解放军文艺出版社，
2002.

［28］哈里森·索尔兹伯里.长征——前所未闻的故事［M］.朱晓宇，译.北
京联合出版公司，2015.

［29］夏洛特·索尔兹伯里.长征日记——中国史诗［M］.王之希，译.北京：
国际文化出版社公司，1987.

［30］薄复礼.一个外国传教士眼中的长征（第2版）［M］.张国琦，译.北
京：昆仑出版社，2006.

名词索引

（按汉语拼音字母顺序排列）

后 记

　　经历春节的忙碌团聚，渡过开学之初的纷繁多事，凭借十多年对长征相关资料的海量搜集与熟悉，结合平时工作之余断断续续重走长征路的感悟与认识，特别是对长征文化浓厚的研究兴趣和丰厚成果积累，《长征国家文化公园 100 问》的文字爬梳工作终于告一段落。如释重负当中又深感惶恐。长征不仅是激烈悲壮的行军战斗，更充满着诗和远方。作为伟大史诗的长征创造了绚烂多彩的长征文化。以集中展示长征文化的长征国家文化公园立意高远，内容博大精深，长征资料及相关研究成果汗牛充栋、浩如烟海，长征沿线各种文物遗存形态万千、种类繁多，仅凭如此单薄体量的一百问断不能穷尽长征文化的大观园。尽管如此，这些经过深思熟虑的问题基本上反映红军长征的诸多面相，涵盖了长征国家文化公园建设的重要方面，希望以此抛砖引玉，对长征国家文化公园的建设有所助益，对关注这一伟大工程的各界以知识启发。对本书写作过程中精心指导的编辑、专家以及提供参考的学者表示感谢。时间仓促，脑力有限，叙述不清，引证不周，还请批评指正。

裴恒涛

2023 年 8 月